突发公共事件现场
心理干预规范

主　　编　郑静晨

副主编　陈金宏　杨　钧　陈　璐

学术顾问　巴德年　邱贵兴　范维澄　徐　唯　王建平
刘剑君　李宗浩　费　波　李济成　黄　钢

编　　者（以姓氏笔画为序）

史　杰　史占彪　伍新春　全　艳　庄紫伟
刘正奎　刘亚华　杨　钧　宋崇升　张旭毅
张雨青　陈　璐　陈金宏　郑静晨　姜长青
姚　玲　奚晶晶

人民卫生出版社

图书在版编目（CIP）数据

突发公共事件现场心理干预规范 / 郑静晨主编 .—北京：人民卫生出版社，2018

ISBN 978-7-117-27676-4

Ⅰ.①突… Ⅱ.①郑… Ⅲ.①突发事件－灾害－心理干预 Ⅳ.①B845.67

中国版本图书馆 CIP 数据核字（2018）第 253182 号

人卫智网	www.ipmph.com	医学教育、学术、考试、健康，购书智慧智能综合服务平台
人卫官网	www.pmph.com	人卫官方资讯发布平台

突发公共事件现场心理干预规范

主　　编：郑静晨
出版发行：人民卫生出版社（中继线 010-59780011）
地　　址：北京市朝阳区潘家园南里 19 号
邮　　编：100021
E - mail：pmph @ pmph.com
购书热线：010-59787592　010-59787584　010-65264830
印　　刷：北京虎彩文化传播有限公司
经　　销：新华书店
开　　本：710 × 1000　1/16　**印张**：9　**插页**：2
字　　数：171 千字
版　　次：2019 年 8 月第 1 版　2019 年 8 月第 1 版第 1 次印刷
标准书号：ISBN 978-7-117-27676-4
定　　价：35.00 元
打击盗版举报电话：010-59787491　E-mail：WQ @ pmph.com
（凡属印装质量问题请与本社市场营销中心联系退换）

主编简介

郑静晨，中国工程院院士，救援医学和工程管理专家，我国灾害救援医学的主要开拓者之一，主持构建了灾害救援医学工程体系，研发了现场医院快速部署系统，专家远程医疗支持系统，以及复杂灾害环境下五大技术体系，实现了技术、装备创新和集成；建立了灾害救援医学工程管理模式和运行机制。郑静晨院士和他带领的研究团队先后荣立“集体一等功”“全军优秀科技创新群体”、国家科技进步一等奖 1 次、二等奖 2 次，“何梁何利科技进步奖”“光华工程科技奖”“吴阶平医学奖”。2001 年，郑静晨院士参与组建了我国第一支中国国际救援队，先后组织或参加了印尼、海地、汶川、玉树等 30 批次国内外重大灾害救援行动。2009 年和 2014 年中国国际救援队连续两届通过联合国“国际重型救援队”考核验收，标志着我国步入世界救援强国之列，被我国政府称赞为“国家队伍、国家使命、国家形象、国家品牌”，为祖国和部队赢得了荣誉，被中央军委和国务院授予一等功。

前言

进入21世纪后，十多年来，我国突发性公共事件频发，特别是地震、泥石流等自然灾害更是时有发生。据统计，自2000年以来，仅一次性伤亡人数超过1万人的7.0级以上特大地震就发生过3次（2008年汶川8.0级地震、2010年玉树7.1级地震、2013年雅安7.0级地震）。突如其来的灾害事件，不仅造成大量的人员伤亡和建筑物损毁，还会导致受灾人群在短时间内遭受心理重创。精神卫生和社会心理问题在全世界所有社区中普遍存在，这些问题在战争、灾害、冲突等突发公共事件中尤其常见。突发灾害性事件往往在短时间内造成大量建筑损毁和人员伤亡，随之而来的是各种精神卫生和社会心理问题。世界卫生组织调查显示，自然灾害或重大突发事件之后，20%~40%的人会出现轻度的心理问题，30%~50%的人会出现中到重度心理失调，20%的受灾人群会出现长期的心理困扰。政府作为灾后救援的组织管理者，在挽救人民生命、财产的同时，如何科学合理地组织应急心理干预，迅速帮助受灾人群走出心理危机，已成为了灾后救援工作值得关注和亟待解决的重要课题之一。

灾后心理援助最早产生于美国，发达国家早在20世纪70年代就已通过立法将心理援助纳入灾后救援任务之中。1987年第42届联合过大会决议将20世纪最后十年定为“国际减轻自然灾害10年”，同时形成了相应的行动纲领。世界卫生组织也在其网站上发布了各类灾后应急工作、精神卫生和心理干预指南及手册。美国精神卫生中心制定了专门的心理干预辅导手册，从灾后心理干预准备、操作以及人员组织等细节入手，建立了包括组织机构、人力资源和具体操作方法指导的灾后心理干预体系。我国最早的灾害心理干预始于1994年的克拉玛依大火，原卫生部派遣的专业心理医生队伍于灾后1个月抵达现场。2002年大连“5·7空难”发生后，我国首次实现了灾后24小时心理干预。这一阶段，灾后心理干预工作多为零星的小规模干预，缺乏系统性、规范化。2008年汶川地震发生后，大批心理工作者进入灾区参与灾后心理援助工作，灾后大规模心理干预逐渐受到广泛的关注，此后的玉树地震、雅安地震中，灾后第一时间都能看到大批心理干预工作者的身影，灾后心理干预实践逐渐向规范有序的方向发展。

近年来，国内学者对灾后心理干预的理论、技术做了大量研究，汶川、玉树、雅安等灾后心理干预也取得了重要的实践经验。但灾后心理干预，特别是突发公共事件现场心理干预仍存在阶段性工作重点不明确、组织协调不到位和不规范、预案缺失等共识性问题。我国应急管理和灾害救援援助体系中，心理干预还没有形成相对完善的体系和良好的运行机制。这些问题直接关系到灾后心理干预工作者能否有力有序开展心理援助工作。国家卫生健康委员会作为灾害医学救援的重要主体，承担着灾后应急医学救援的重要职能使命，需要加强灾后心理干预工作的组织、实施力度，明确灾后心理干预的工作步骤和重点，甄选不同阶段、不同受灾对象的适宜干预技术，领导灾后心理干预，特别是突发公共事件现场心理干预工作规范、有序地进展。

这本书的目的就是跟进国内外灾后心理干预理论进展，结合历次灾后心理援助的经验、教训，着眼于突发公共事件现场心理干预，旨在从国家卫健委开展灾后心理干预工作的角度出发，制定突发公共事件现场心理干预工作规范化流程，明确干预人员资质、干预对象分级、干预阶段界定、干预方法甄选等密切相关的环节，为灾后心理工作的领导者和执行者提供切实可行的规范化操作说明。全书分为四部分，分别是：绪论、组织指挥体系、救治规范和常用工具。本书为灾后心理干预相关部门、机构开展灾后心理干预提供了基本的模式借鉴，也可作为各级各类灾害救援人员、灾后心理干预工作者、社会工作者以及相关志愿者学习和参考的操作手册。

本书研究重点为灾后 1 个月内的突发公共事件现场心理干预，篇幅能力有限，未涉及灾后长期心理干预的组织实施。此外，由于编者水平有限，书中难免存在缺点和不足，希望广大读者不吝赐教，多提宝贵意见，使本书在突发公共事件现场心理干预工作中能够发挥更大的作用，帮助到更多处于危机中的人们！

郑静晨

2018 年 5 月 12 日

目 录

第一章 突发公共事件现场心理干预概述

第一节 突发公共事件概述

一、突发公共事件的定义

突然发生,造成或者可能造成严重社会危害,需要采取应急处置措施予以应对的自然灾害、事故灾难、公共卫生事件和社会安全事件。是在人们生产、生活活动过程中突然发生的、违反人们意志的、迫使活动暂时或永久停止,并且造成大量的人员伤亡、财产损失、生态环境破坏和严重社会危害,危及公共安全的紧急意外事件的总称。

突发公共事件呈突发性、复杂性、破坏性和持续性等特点。以人员伤亡、财产损失为标志,包括直接损害和间接损害,还体现在对社会心理和个人心理造成的破坏性冲击,进而渗透到社会生活的各个层面。突发公共事件发生的时间、地点、方式、程度等都是难以预料和难以准确把握的。且往往是各种矛盾激化的结果,总是呈现出一果多因、相互关联、环环相扣的复杂状态。处置不当可加大损失,扩大范围,转为政治事件。整个人类文明进程中突发事件从未停止过。只有通过共同努力,才能最大限度降低突发事件发生的频率,减轻其危害程度及对人类造成的负面影响。

二、突发公共事件的分类

《国家突发公共事件总体应急预案》根据突发公共事件的发生过程、性质和机制,将突发公共事件主要分为以下四类:

1. 自然灾害 主要包括水旱灾害、气象灾害、地震灾害、地质灾害、海洋灾害、生物灾害和森林草原火灾等。

2. 事故灾难 主要包括工矿商贸等企业的各类安全事故、交通运输事故、公共设施和设备事故、环境污染和生态破坏事件等。

3. 公共卫生事件　主要包括传染病疫情、群体性不明原因疾病、食品安全和职业危害、动物疫情、其他严重影响公众健康和生命安全的事件。

4. 社会安全事件　主要包括恐怖袭击事件、经济安全事件和涉外突发事件等。

三、突发公共事件的分级

各类突发公共事件按照其性质、严重程度、可控性和影响范围等因素，一般分为四级：Ⅰ级（特别重大）、Ⅱ级（重大）、Ⅲ级（较大）和Ⅳ级（一般），依次用红色、橙色、黄色和蓝色表示（图 1–1）。

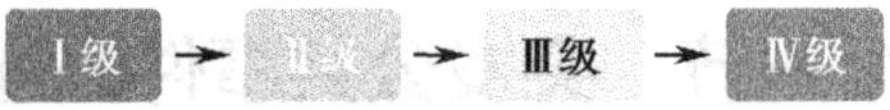

图 1–1　突发公共事件的分级

1. 特别重大事件（Ⅰ级）

（1）一次事件出现特别重大人员伤亡，且危重人员多，或者核事故和突发放射事件、化学品泄漏事故导致大量人员伤亡，事件发生地省级人民政府或有关部门请求国家在医疗卫生救援工作上给予支持的突发公共事件。

（2）跨省（区、市）的有特别严重人员伤亡的突发公共事件。

（3）国务院及其有关部门确定的其他需要开展医疗卫生救援工作的特别重大突发公共事件。

2. 重大事件（Ⅱ级）

（1）一次事件出现重大人员伤亡，其中，死亡和危重病例超过 5 例的突发公共事件。

（2）跨市（地）的有严重人员伤亡的突发公共事件。

（3）省级人民政府及其有关部门确定的其他需要开展医疗卫生救援工作的重大突发公共事件。

3. 较大事件（Ⅲ级）

（1）一次事件出现较大人员伤亡，其中，死亡和危重病例超过 3 例的突发公共事件。

（2）市（地）级人民政府及其有关部门确定的其他需要开展医疗卫生救援工作的较大突发公共事件。

4. 一般事件（Ⅳ级）

（1）一次事件出现一定数量人员伤亡，其中，死亡和危重病例超过 1 例的突发公共事件。

(2)县级人民政府及其有关部门确定的其他需要开展医疗卫生救援工作的一般突发公共事件。

四、突发公共事件的危害

无论什么类型的灾害事件,其带来的失落和创伤都会给个人、家庭、社会造成不同程度的影响。

1. 对人类生命和健康的损害 长期以来,人类的生命和健康受到了各种灾难的严重危害。据联合国统计,近70年来,全世界死于自然灾害的人数就达到了25万人以上。灾难的发生对遭遇的人来说,身体和心理健康都会受到巨大影响。许多幸存者在灾难后都留下了不同程度的身体残疾,有一些即使身体无大碍,但在心理上也产生了诸如恐惧、紧张、忧郁的心理反应。

2. 对社会经济的破坏 灾害事件除了造成大量的人员伤亡,还会造成严重的物质损坏,物质损坏是主要的经济损失,可分为直接经济损失和间接经济损失。直接经济损失包括人身伤亡、财产损坏的价值和善后所用的费用。间接损失包括资源破坏、产值减少和其他损失的价值。

3. 对社会稳定的危害 灾害对社会稳定的影响主要是两个方面,一是灾害发生导致社会正常运行失调。灾害使家破人亡、工厂企业学校运行困难甚至倒闭、人员迁徙等增加了社会的不稳定因素;二是灾害事件造成公众的心理恐慌。灾害发生时,如果官方信息公布迟缓,媒体的不实报道则可能导致谣言流传,人心惶惶,影响社会稳定。

第二节 突发公共事件对个体造成的心理影响

一、心理行为反应

灾害的突然降临,使毫无准备的人们遭受了严重的生命财产威胁和损失。面对灾害现场、死亡场景,产生的心理冲击和影响不容忽视。以地震为例,震后短时间内,受灾人群普遍会产生强烈的应激反应,并在一段时间内处于应激状态。这种应激反应会表现在情绪、认知行为和生理等方面。

1. 情绪反应 面对突如其来的灾难,人们常发生的情绪反应有恐惧、悲伤、焦虑、怀疑、愤怒、烦躁、内疚、茫然、绝望、过分敏感或警觉、无法放松等。人们的情绪反应可能以某一种情绪为主表现强烈,有时候也会有多种情绪混合交织成复杂的情绪状态,也可能变得麻木,失去正常的情绪反应。

(1)恐惧:恐惧是灾害事件最易诱发的一种情绪,是一种因受到威胁而产生并伴随着逃避愿望的情绪反应,其情感体验为企图摆脱或逃避某种情景而又苦于无能为力。适度的恐惧使人们提高警惕性,启动必要的防御机制,是有益的。而过度的恐惧可能会导致心理和精神障碍。

(2)焦虑:焦虑是指一种缺乏明显客观原因的内心不安或无根据的恐惧反应。是预感到不利情景的出现而产生的一种担忧、紧张、不安、恐惧、不愉快等的综合情绪体验。焦虑是灾后正常心理反应,只是每个人经历的时间长短不一或程度不同。长时间的焦虑会妨碍人应付、处理面前的危机,甚至妨碍正常的生活。

(3)忧郁甚至抑郁:灾害事件的发生往往引起人们生活、家庭关系的变化,导致患者情绪低落,思考问题困难,自我评价较低,常常沉默寡言、抑郁苦闷、对生活失去乐趣。如果不能及时进行干预则有可能发展为抑郁。抑郁常见的表现是以情绪低落为主要特征,表现为闷闷不乐或悲痛欲绝。另外还需伴有下述症状:①对日常生活丧失兴趣,无愉快感;②精力明显减退,无原因的持续疲乏感;③自信心下降或自卑,或有内疚感;④失眠、早醒或睡眠过多;⑤食欲缺乏,体重明显减轻;⑥有自杀的观念或行为;⑦性欲明显减退;⑧注意力集中困难或下降;⑨联想困难,自觉思考能力显著下降。抑郁心境一天中有较大波动,常以早上最重,然后逐渐减轻,到晚上最轻。

(4)绝望和麻木:灾害事件的发生可能造成家破人亡,一些人对未来失去了预期,没有了安全感和归属感,从而产生绝望感。少数人会以麻木、冷漠、无表情来表达,例如:目光呆滞、空洞且无方向感;没有情感反应,经常发呆;创伤事件的部分或全部记忆丧失。

(5)内疚:灾害过后,一些幸存者会在一定程度上感到内疚,将过错归咎于自己,认为他们活着可能是以那些不幸的人们为代价的。而有些救援人员会责怪自己无能为力,没能挽救更多的生命,又不知如何弥补自己的过失,产生强烈的内疚情绪。

2. 认知反应　除了情绪反应,重大灾难事件也会影响人们的认知,在认知方面的主要表现为注意力集中困难、健忘、效率低下、缺乏自信,常对自我、他人和前景表现出负向思维。常见的认知异常有:

(1)任意推断:即在证据缺乏或不充分时便草率地做出结论。

(2)选择性概括:即根据个别细枝末节而不考虑其他情况来考虑问题得出结论,以偏概全。

(3)过度引申:是指在单一事件的基础上做出关于能力、操作或价值的普遍性结论,也就是说从一个琐细事件出发引申出的结论。

(4)夸大或缩小:对客观事件的意义做出歪曲的评价。

(5)走极端的思维:即要么全对,要么全错,一些受灾者往往把生活看成非黑即白的单色世界，没有中间色。

(6)紧张多疑：一些人在灾难发生后担心其他人离开自己，害怕被冷落、鄙视，个体心事重重，敏感多疑，焦虑紧张。

(7)疏离悲观：灾难给个体带来心理上的创伤，个体有可能选择消极的应对方式，不期待未来的生活、婚姻等，不与他人交往，甚至出现仇恨心理，敌视身边的人和物，产生自卑、自闭、易怒的个性。

灾后的认知异常是非常消极的，产生非常消极悲观的想法，如"一切都完了""不如死了算了""我是个没用的人"等。这些认知异常会使人们产生失落感，丧失对生活的信心，产生药物或酒精依赖，严重的甚至会产生自杀的念头。

3. 行为反应 当灾害发生之后，由于灾害性质的不同和反应者个体特质的变化，个体的行为反应存在很大差异。有些受灾者会做出积极的适应性反应，也有一部分人的行为是消极的、不适应的(如惊逃行为，过度防御行为和"木鸡"行为)或是在社会规范之外的(如哄抢、偷盗等越轨行为)。而灾后随着情绪、认知、生理等因素影响，还会出现多种具体的消极行为反应，如强迫思维(反复怪罪自己)、强迫行为(反复洗手等)、社交退缩、暴饮暴食、不易信任他人等。

(1)过度防御行为：在灾害危险刺激下，受灾者的机体活动迅速提高到一个很高的水平，本人对自身行为丧失控制能力。过度防御行为本意是保护自我，结果却与初衷背道而驰，其造成的死伤完全是不该发生的，这是灾害发生时十分有害的反应行为，应极力避免。比如1984年5月21日，江苏南黄海发生6.2级地震，房屋几乎没有坍塌，只是有轻微的破坏，可是跳楼逃生的致伤者却多达263人，意外死亡8人，尤其在南京市区，发生了100多人的跳楼事件。

(2)"木鸡"行为：是个人在灾害发生时因为极度恐惧导致暂时丧失行为能力或行为能力急骤下降的一种反应，是行为主体丧失对机体控制能力的不适应行为，其外在表现与过度防御行为截然相反。它与过度防御行为相同的是，它们都是不受控制的、非理性的和不适应的。如很多人在地震发生时会不知所措，呆立在原地而不去积极避险。

(3)从众行为：在突发的灾害下，个体在强应激源的刺激下失去了自己的判断力，将他人的判断作为自己的判断，将他人的行为作为自己行为的标准，不自觉的接受和模仿。在灾害发生时，盲从往往是伴随着过度防御行为发生的。如2011年3月的日本大地震导致核泄漏，我国的很多民众担心海水受污染而大规模的抢购食盐。实际上，很多人都缺乏独立的思考而人云亦云，听信谣言，个别行为在谣言的推波助澜下迅速波及全国。

(4)越轨行为：在危险情况下，于自我保护的动机与社会角色规范之间、生存机会竞争与社会道德、社会责任之间常常发生尖锐矛盾，再加上特殊情况下抱着"法不责众"的心理，此时道德感薄弱的人会选择做出越轨行为。例如，在1985

年夏季的辽宁水灾中，撤离命令传达后，一些不法分子乘村民已撤离之机撬开邻居家门行窃。

4. 生理反应 受灾后除了心理反应外，强烈的应激也会有症状各异的生理反应。例如表达能力欠缺的婴幼儿面对重大灾难事件常常会发热、拉肚子。

(1)躯体症状：疲劳、身体疼痛、红肿丘疹等皮肤症状，较容易受到关注。

(2)肠胃功能：肠胃不适、腹泻、呕吐、食欲下降等。

(3)神经系统症状：由于精神过度悲伤、紧张，很多人会出现头痛、失眠、噩梦、易受惊吓的症状。

二、心理应激

1. 应激 应激是机体在各种内外环境因素及社会、心理因素刺激时所出现的全身性非特异性适应反应，又称为应激反应。这些刺激因素称为应激源。应激是在出乎意料的紧迫与危险情况下引起的高速而高度紧张的情绪状态。应激的最直接表现即精神紧张。指各种过强的不良刺激，以及对它们的生理、心理反应的总和。应激(或应激反应)是指机体在受到各种强烈因素应激源)刺激时所出现的非特异性全身反应。

2. 应激源 应激源是指能引起全身性适应综合征或局限性适应综合征的各种因素的总称。根据来源不同，将其分为三类：

(1)外部物质环境：包括自然的和人为的两类因素。属于自然环境变化的有寒冷、酷热、潮湿、强光、雷电、气压等，可以引起冻伤、中暑等反应。属于人为因素的有大气、水、食物及射线、噪声等方面的污染等，严重时可引起疾病甚至残疾。

(2)个体的内环境：内、外环境的区分是人为的。内环境的许多问题常来自于外环境，如营养缺乏、感觉剥夺、刺激过量等。机体内部各种必要物质的产生和平衡失调，如内分泌激素增加，酶和血液成分的改变，既可以是应激源，也可以是应激反应的一部分。

(3)心理社会环境：大量证据表明，心理社会因素可以引起全身性适应综合征，具有应激性。亲人的病故或意外事故常常是重大的应激源，因为在悲伤过程中往往会伴有明显的躯体症状。研究表明，在配偶死亡的这一年中，丧偶者的死亡率比同年龄其他人要高出很多。

3. 应激反应 应激反应(stress)指机体突然受到强烈有害刺激(如创伤、手术、饥饿等)时，血中促肾上腺皮质激素和糖皮质激素增多，并引起一系列全身反应以抵抗有害刺激的过程。应急反应主要表现为心理和生理两方面：

(1)应激引起的心理反应：可分两类：一是积极的心理反应；另一种是消极的心理反应。积极的心理反应是指适度的皮层唤醒水平和情绪唤起；注意力集中；

积极的思维和动机的调整。这种反应有利于机体对传入信息的正确认知评价、应对策略的抉择和应对能力的发挥。消极的心理反应是指过度唤醒（焦虑）、紧张；过分的情绪唤起（激动）或低落（抑郁）；认知能力降低；自我概念不清等。这种反应妨碍个体正确的评价现实情境、选择应对策略和应对能力的发挥。

应激的心理反应可以分期。进入时相的顺序及每一时相的持续时间和临床表现都有较大的变动性。影响变动的因素有：事件发生前对应激程度及持续时间的预期、个人经历及性格类型等。一般的顺序是：惊叫、否认、侵入、不断修正、结束。临床上最常见的是否认与侵入两个时相，其余时相可以不出现或不明显，时相顺序也可以变换。这种应激时相的划分在急性应激下较为明显，在慢性应激时则不太明显。对应激的反应并不一定都属异常，只是在反应过度时才属于病理性的。

惊叫常发生于未曾预料事件信息的突然冲击时，可表现为哭泣、尖叫或昏倒。否认则是情绪麻木、概念回避及行为束缚相结合时相。情绪麻木是缺乏正常对刺激作出反应的感觉；概念回避是有意不涉及应激情境的概念；行为束缚是个体活动范围变窄，表现为专心致志地从事一般的重复动作而不顾周围。侵入是应激性事件的直接或信号性行为以及自发的观念性或情感性折磨再现，包括有关应激事件的梦魇、反复的自发印象，或由其他事件而派生的吃惊反应。不断修正是机体动员应对机制适应的过程，若应对成功就进入结束，如受阻或未获成功则可能转入病态。

（2）应激引起的生理反应：目前认为，心理应激的神经、内分泌后果是因人而异的（与所处情境、社会角色、群体中的地位相关），因害怕丧失是产生“战斗－逃跑”的起动与杏仁核有关；而受到与群体隔离或行动受挫而致抑郁时，可能与海马及肾上腺皮质功能有关。

三、应激相关障碍

对于大部分人而言，灾后应激反应会随着灾难过去逐渐平复，但仍有相当一部分人，灾害导致的应激反应程度严重或影响时间较长，会出现心理应激障碍。心理应激障碍症是指人在心理、生理上不能有效应对自身由于各种突如其来的、并给人的心理或生理带来重大影响的事件，例如战争、火灾、水灾、地震、传染病流行、重大交通事故等灾难发生所导致的各种心理生理反应，应激障碍症也叫做应激相关障碍，主要包括急性应激障碍、创伤后应激障碍、适应障碍三大类。

1. 急性应激障碍 急性应激障碍的症状主要包括侵入症状、负性心境、分离症状、回避症状和唤起症状五个类别，10个症状条目。

（1）侵入症状：①反复不自愿回忆创伤事件相关内容；②反复做与创伤事件相关的梦；③分离性反应（闪回）；④对象征或类似创伤事件的线索，产生强烈或长期的心理痛苦或生理反应。

(2)负性心境：⑤持续不能体验正性情绪。

(3)分离症状：⑥个体的环境或自身的真实感的改变(例如，从旁观者的角度来观察自己，处于恍惚之中、时间过得非常慢)；⑦不能想起创伤事件的某个重要方面(通常由于分离性遗忘症，而不是由于脑损伤、酒精、毒品等其他因素)。

(4)回避症状：⑧回避与创伤事件相关的记忆、思想或感觉；⑨回避能够唤起创伤事件或与其相关的回忆、思想或感觉的外部线索。

(5)唤起症状：⑩睡眠障碍、激惹行为和愤怒的爆发。

由于急性应激障碍(acute stress disorder，ASD)的基本特征是在接触一个或多个创伤事件之后的3d到1个月之间发展出特征性的症状。因此，ASD不能在创伤性事件3d内诊断。虽然1个月后，急性应激障碍可能发展为创伤后应激障碍(post-traumatic stress disorder，PTSD)，它也可能是一种暂时的应激反应，会在接触创伤后的1个月内缓解，并不导致PTSD。

2. 创伤后应激障碍(PTSD) PTSD是指个体经历、目睹或遭遇到一个或多个涉及自身或他人的实际死亡，或受到死亡的威胁，或严重的受伤，或躯体完整性受到威胁后，所导致的个体延迟出现和持续存在的精神障碍。

急性应激障碍一般在灾后1周内减轻，如果症状持续时间超过1个月，应考虑诊断为PTSD。PTSD的核心症状是闯入、回避、高警觉和负性认知(DSM-5新加入了负性认知维度)。

(1)闯入表现主要有：①创伤事件反复的、非自愿的和侵入性的痛苦记忆；②反复做内容和(或)情感与创伤性事件相关的痛苦的梦；③分离性反应，个体的感觉或举动好像创伤性事件重复出现(这种反应可能连续出现，最极端的表现是对目前的环境完全丧失意识)；④接触类似于象征或类似创伤性事件某方面的内在或外在线索时，产生强烈或持久的心理痛苦；⑤对象征或类似创伤性事件某方面的内在或外在线索，产生显著的生理反应。

(2)回避症状主要有：①回避或尽量回避关于创伤性事件或与其高度相关的痛苦记忆、思想或感觉；②回避或尽量回避能够唤起关于创伤性事件或与其高度相关的痛苦记忆、思想或感觉的外部提示。

(3)高警觉症状表现主要有：①易激惹或爆发愤怒(在很少或没有挑衅的情况下)，典型表现为对人或物体的言语或身体攻击；②不计后果或自我毁灭的行为；③过度警觉；④过分的惊跳反应；⑤注意力有问题；⑥睡眠障碍。

(4)认知和心境方面的负性改变，在创伤事件发生后开始或加重，具有以下2项(或以上)情况：①无法记住创伤性事件的某个重要方面(排除物理因素)；②对自己、他人或世界持续性放大的负性信念和预期；③由于对创伤事件的原因或结果持续性的认知歪曲，导致个体责备自己或他人；④持续性的负性情绪状态。⑤显著减少对重要活动的兴趣或参与;⑥与他人脱离或疏远的感觉;⑦持续地不能体验到正性情绪。

3. 适应障碍(adjustment disorders) 在重大生活变化或应激性生活事件的适应期,例如灾后恢复期部分人群出现的主观痛苦和情绪紊乱常会影响社会生活及行为表现。通常在灾后1个月内起病,病程一般不超过6个月。

适应障碍的症状标准为:以明显的生活事件为诱因,尤其是生活环境或社会地位发生改变(移民、出国、退休、重大生活变故或遭遇重大灾难性事件);有理由推断生活事件和人格基础对导致精神障碍均起着重要的作用;以抑郁、焦虑、害怕、烦恼或上述情绪的混合为主,行为上表现为退缩、不注意卫生、生活无规律等;生理功能上出现睡眠不好、食欲缺乏等;无力应付、无从计划或难以维持现状;处理日常事务的能力受损;可伴随品行障碍,尤其是青少年。

大部分人经历严重创伤事件后,都会产生上述强烈的情绪反应,也会逐渐随着时间缓解,属于正常生理和心理应激反应,无需过度担心。如果情绪症状始终不得缓解,而且影响正常工作和生活,需要注意,并寻求专业帮助。

第三节 突发公共事件现场心理干预的概念与内涵

一、突发公共事件心理干预的概念

1974年,美国心理医生凯普兰首次提出了"心理干预"的概念,其原理是利用语言交流,帮助人们度过精神危机。突发公共事件中的心理干预就是及时帮助处于心理危机境遇的人恢复心理平衡,减少或预防应激事件引起的心理失衡或心理障碍。突发公共事件中的心理干预包括灾难初期所采取的心理急救以及之后长期的心理重建。重大灾害心理援助机制就是根据心理援助的任务及阶段特点,构建由决策系统、执行系统、社会动员参与机制、评估或辅导反馈系统等构成的机制体系。突发公共事件心理干预的目的是积极预防、及时控制和减缓灾难的心理社会影响;促进心理健康重建;维护社会稳定,保障公众心理健康。突发公共事件心理干预在我国有其存在的科学性和必要性。

二、突发公共事件心理干预的必要性

1. 突发公共事件心理干预是以人为本的具体体现 大多数人在经历灾难后的半年或几年后心理反应会自然痊愈,但也有少数人在表面上看似度过危机事件了,但还会留下心理创伤。若干年后,突然回想起那些场面,出现恐惧不安,

心悸不停等现象，或被相似的情景重新唤起创伤的记忆，造成创伤的累积；还有一部分人长期无法度过危机，出现严重心理障碍。甚至可能从创伤发生的一瞬间一直延续到几十年之后直至终生。世界卫生组织专家指出，没有哪种灾难能像心理危机那样给人们带来持续而深刻的痛苦。灾难给人造成严重心理创伤。若没有外界细致入微的抚慰、疏导和心理干预，很难在短时间内脱离恐慌，回归正常状态。特别对于儿童，他们的心理创伤更为严重。如果处理不好，恐惧和阴影就有可能伴随他们终生。因此，突发公共事件心理干预是对灾区每一个群众的心理健康的关怀，是以人为本的体现。

2. 突发公共事件心理干预是人道关怀的具体体现 突发公共事件心理干预是在传送"人的生命是无价的，对于活着的人来说，丧失亲人的痛苦将会是终生的，是任何金钱和物质无法弥补的"这一人性关怀理念。构建突发公共事件心理干预制度是人性的内在要求，是热爱生命、热爱生活的表现，是个体成长与发展的需要，是家庭幸福和安全的需要，是社会稳定和进步的需要。

3. 突发公共事件心理干预有利于解决现实中的潜在社会问题，实现我国社会转型 当代中国社会转型涉及诸多领域的社会变革，伴随着种种改革阵痛和潜在的社会矛盾，灾难的发生不仅会给大批民众带来心理创伤，而且对人们的心理有着十分明显且长久的影响，在灾难发生影响的区域也会出现一些非常态的舆论、流言、恐慌等反应。只有这些问题得到及时处理和解决，才能在社会危机状态下树立政府责任，增加政府的责任度和诚信度，为风险社会转型做出保障，也符合构建和谐社会的时代要求。

三、突发公共事件心理干预的特点

1. 每一个看到灾难的人均会受到影响，但大部分受灾者不知道他们需要心理干预服务 目击灾难带来的巨大破坏及人员伤亡，每一个亲历者都会受到不同程度的心理冲击。灾难不仅使直接见证者受到最广泛、最深刻的影响，许多灾区之外的人群获取灾区相关的新闻报道、视频图像等也会受到一定的影响。美国学者 Myers 描述了灾难对社会及人群的广泛影响：灾难是令人敬畏的，那些受到灾难侵袭的灾区民众以及没有遭受财产和人身安全损失的民众，都会不同程度体验到哀伤、焦虑、愤怒、悔恨等负面情绪。

大部分的灾难幸存者急需的是解决生存问题和恢复正常生活所必需的物质条件，对心理干预服务的需求认识不足。受传统文化的影响，大部分人认为只有心理不正常甚至是精神病患者需要寻找心理医生，因此常常羞于承认自己有心理困扰或排斥心理服务工作者的介入。此外，突发公共事件早期，英雄主义、利他主义和乐观主义有可能会使受灾幸存者暂时忽略了自己对心理干预服务的需要。

2. 突发公共事件心理干预活动不同于在心理咨询室进行的咨询 突发公共事件心理干预活动较传统的咨询室心理咨询有较大差异。传统的心理咨询是来访者主动求助、在固定场所规定时间开展，由专业心理咨询师提供的心理服务活动。突发公共事件心理干预常常在救助站、学校、大型体育场馆等灾区群众安置点开展，由于条件受限，很难找到固定、安静且不受打扰的房间作为咨询室，时间、计划、工作对象随时可能变化。即使有专门的心理干预服务点，灾区群众也很少主动去咨询。突发公共事件心理干预工作者的角色往往不是单纯的心理干预，更多的是陪伴者、信息提供者、安慰者等。

传统的以咨询室为工作站的心理服务模式在灾区并不适合，因为很少有人会主动去标有心理咨询师室的地方寻求帮助。心理干预工作者要采取积极主动的接触方式，直接去灾民安置点接触，受灾者往往对主动关心与协助他们的工作人员有好感。因此救援人员不应该被动等待，而应主动登门，从帮助解决某些实际问题入手，发现有心理困扰的受灾者，继而为他们提供心理干预服务。

3. 突发公共事件心理干预对工作者有特定要求 突发公共事件心理干预工作者应具备丰富的灾区工作经验，能熟练地结合灾害特点和心理危机状况运用适当的干预技术。接受过危机心理干预、突发公共事件心理辅导的专业培训，能够迅速评估灾民的心理健康状况，识别高风险个案并采取针对性心理干预措施；擅长快速建立关系，提供短期最有效的干预服务；能及时觉察自己在救援中的身心变化，劳逸结合，避免过度卷入，做好个人防护工作；能够容忍工作环境的不确定性和任务的多变性，并且灵活地调整应对策略；擅长处理人际关系，能迅速建立有效的工作网络；能够适应艰苦的工作环境，以积极热情地态度投入心理干预工作；能够在灾区停留一定时间，和工作对象建立稳定的、相互信任的关系；具备开展团体心理辅导和个体心理干预的能力。

4. 并非所有的心理工作者都适合在突发公共事件现场进行心理干预工作 首先，心理干预工作者需要评估自我能力和心理健康状况，对灾区现场工作的风险要有充分的认识和充足的准备。灾后数天、数十天进入现场目睹的一切对救援人员都会是非常大的刺激和震撼。心理干预工作者需要有迅速调整心态适应环境剧变的能力；其次，鉴于突发公共事件现场状况复杂，心理干预工作者会经受各种各样的考验，特别是突发公共事件前几周，伴随着救援人员会涌入大量的新闻媒体，有些准备不足、打着爱心的名义作秀的援助者，可能会搅乱灾区正常的救援工作，心理干预工作者在赶赴灾区之前，一定要反省自己的动机、价值观、心理承受能力和应对压力的能力；再次，突如其来的大灾难往往会触发人们的各种情绪，心理干预工作者如果因为某些原因不能前往灾区，不应该过分内疚、自责，怀疑自己的能力，可以通过编辑、宣传专业知识，帮助更多人了解突发公共事件心理健康科普知识，减少突发公共事件心理问题困扰，间接为灾区群众作出贡献。

5. 突发公共事件心理干预工作者应以团队形式工作 突发公共事件心理干预是一项复杂、艰巨、富有挑战性的任务，如果以个人身份介入，往往存在很多不确定性风险和难以想象的困难。因此，最好是以团队的形式在灾区开展心理干预服务工作。前往灾区之前，一定要进行团队建设，让团队成员互相认识、互相了解，制定基本的团队工作计划和协同工作机制，以便开展工作时团队成员能够默契协作、分享技术、经验和工作心得，同时互相照顾。团队要定期开会，通过交流、总结，及时发现问题，改进工作策略。在心理干预服务活动结束后，团队还应及时进行总结，对大家的工作予以积极肯定，如时间允许最好有一个团队结束仪式，处理分离情绪，使队员能平稳过度，顺利回归工作岗位。

6. 做好对突发公共事件心理干预工作者的心理辅导 在灾区工作的救援人员，包括心理干预工作者都面临巨大的身心压力，他们既要处理自身的情绪，又要执行持续、高强度的救援任务，当他们从灾区回到原来的工作环境、生活环境时，需要面临重新适应环境的挑战。除了身体的疲惫和心理的冲击外，有些人仍会沉浸在灾区救援的情绪中难以自拔，形成替代性创伤，会经常怀疑自己的能力，感觉自己做得不够好，认为周围同事、朋友甚至家人根本不理解灾区、受灾者和自己的工作，有失落感，不能专注做事，出现睡眠障碍、饮食不规律等症状。对此，心理工作者要及时发现自身存在的困扰，在支持团队中进行分享，重新认识自己的动机与收获，尽快从消极、低落的情绪中走出来，重新融入正常的生活轨迹。如果有必要，可寻求专业的心理支持，以尽快恢复常态。

7. 并非所有的灾难亲历者、现场救援人员都需要心理干预服务 事实表明，并非所有暴露在突发公共事件现场的人都会有创伤感。因此，不能盲目地给受灾者贴上“心理问题”的标签。这对当事人来说是一种负面消极暗示。大的灾难发生后，不同人会有不同的心理反应。有些人由于自身经历较少、心理承受能力差、敏感度高等原因，会有比较强烈的心理反应，而有些人的反应则并不强烈。大多数人出现心理反应是对异常状况的正常反应。只有当灾难性事件过去一段时间后，有些人还沉浸在某种强烈的情绪或心理问题困扰中，常常出现闪回、噩梦，正常的社会功能受到损害，这时才需要专业的心理咨询。在此之前，如果把人民的正常心理反应贴上“心理问题”的标签，则是一种负面暗示，不利于他们快速走出灾难带来的心理阴影。

8. 心理学工作者要引导全社会科学地对待受灾群众 在生命救援阶段过后，如何妥善地处理灾区群众的心理问题就提上日程。突发公共事件心理干预一个非常重要的原则就是协助灾民尽快脱离混乱无序的灾害场景，恢复正常化的生活。当事人的心理需求应得到充分重视，心理学专业工作者要引导整个社会科学地对待受灾群众，特别是儿童、老年人和残障人士，让其尽快恢复正常的生活，而不是成为社会公益活动的爱心“容器”，或对其贴标签，对其特殊对待。如果不顾灾民的感受，反复打扰他们的生活，一遍遍地迫使其讲述自己的遭遇，这样容易反复揭露其心理创伤，极有可能会对灾民造成严重的心理创伤。

9. 突发公共事件心理干预偏向“解决实际问题”，而非“心理问题” 大部分受灾者都是被突如其来的灾害扰乱了正常生活，暂时失去了正常的心理调节功能和社会适应功能。突发公共事件心理干预工作者须熟知灾区救援可以利用的资源，包括当地救助机构以及救灾临时成立的支持部门及资源，应该从为受灾者提供一些具体的、实际的帮助入手，例如搜集各种可以利用资源的信息、安排事情的优先级、寻求各种解决问题的方法、寻求支持、拟定行动计划等。也可以直接帮助受灾者处理其遇到的具体问题，包括联系医疗机构、协助儿童照顾、联系失散家人、获得生活必需品等，将心理干预融于实际帮助过程中。对于少部分可能遭受严重心理问题困扰的受灾者，比如严重的抑郁、焦虑或以往心理问题恶化等，这些状况需要及时识别并转介至专业的心理咨询或精神科机构进一步治疗。

10. 介入方式必须适合灾难的不同阶段 对于突发公共事件心理干预工作者而言，掌握突发公共事件各个阶段不同人群心理与情绪反应变化是至关重要的。例如，当幸存者出现惊愕、麻木或否认等表现时，可能是处于本能对于强烈刺激的自我保护方式，这时去探究他们的感受将无济于事。一旦受灾者开始运用内、外部资源尝试改变当下处境时，则可以尝试帮助他们正确表达内心感受，从而提供适当心理干预服务。大部分人希望有人能分享并理解他们在灾难中的情绪和感受，但是尊重他们有时候不想谈也是很重要的。和身处危机的人谈话并不意味着一定要谈论危机本身。人们在处理痛苦及悲伤情绪时常常需要慢慢调整、逐步适应，需要一段时间来消解内息的冲突与情绪。

11. 支持系统对心理康复至关重要 支持系统对于解决突发公共事件心理反应和常见心理问题有着至关重要的作用。对个人而言，最重要的支持系统是家庭。突发公共事件心理工作者应尽量确保受灾者与家人在一起，家庭成员应尽可能参与到心理康复中。此外，社会支持系统也是提高安全感和促进心理康复的重要途径。灾难造成的流离失所及灾后恢复重建会扰乱受灾者原有的生活节奏和社会支持系统，鼓励他们多花时间和家人或朋友在一起将十分重要。救灾中除了强调重建硬件设施之外，也要重视社会关系和社会支持系统的恢复重建。对于那些支持系统有限的人，建立专门的突发公共事件心理支持团体则更为重要。通过建立支持团体，有相似经历和心理感受的人能够彼此分享自己的感受，从而认识到自己并不孤单或奇怪，更好地理解和接纳自己，也便于更快地走出心理困扰。此外，这种支持团体不止提供情绪上的支持，受灾者还可以彼此分享一些对于现状有帮助的信息及心理健康科普知识。心理干预工作者可以运用专业知识参与组织、督导、促进这类支持团体。

四、突发公共事件心理干预的原则

突发公共事件心理干预是医疗救援工作的重要组成部分，应该在救援工作统一领导下开展，并遵循以下原则：

1. 协同性原则 突发公共事件心理干预是灾难性事件整体救援工作的重要组成部分，心理干预与灾害救援具有高度的相关性，如身体、财产、安全等，尤其是与医疗救援关系密切。心理干预还与生存方面的实际问题密切相关，心理干预除了运用专业技术提供服务外还要考虑到解决受灾者实际生活问题。要根据救灾整体工作部署，配合好各部门救援工作，以提高突发公共事件心理干预的整体效果。

2. 支持性原则 突发公共事件心理干预不同于常规心理咨询，当事人往往不会主动寻求帮助，心理工作者需主动接近当事人，通过提供实际的帮助，建立良好的沟通关系，争取其信任与配合，在此基础上与当事人协作解决其心理问题。此外，在心理辅导中，始终以支持的态度，而非把受辅导者当做患者对待，应充分相信当事人有能力克服目前的苦难，只是突发的灾难使其暂时丧失了内心的平衡与恢复的能力，心理工作者应给与充分的鼓励和适当的专业支持，帮助其度过难关。

3. 表达性原则 提供宣泄机会，鼓励受辅导者通过合理的方式表达内心情感。面对亲人的离去、房屋财产损失等精神打击和身体刺激，一般人常会出现痛苦、愤怒、哀伤、悔恨等正常的情绪反应，心理工作者应鼓励其在合适的时机以正确的方式表达出来。

4. 正常化原则 提供心理健康教育，普及突发公共事件心理应激反应及心理干预知识，解释心理危机发生发展过程，对症状进行正常化，使当事人明白目前出现的情绪、行为反应是面对灾难性事件的正常反应，大部分症状会随着时间逐步消退，不必过分惊慌。

5. 重视社会支持性原则 调动和发挥社会支持系统（家庭、学校、社区等）的作用，鼓励当事人多与家人、朋友等接触和联系，减少孤独感，避免隔离。

6. 个性化原则 根据不同受灾人群在灾后不同阶段对灾难性事件的反应，分人群、分阶段制定合理的心理干预方案，在实施过程中要注意根据当事人的心理状态变化，适时调整、改进干预策略。

7. 生物与心理整合原则 心理干预与药物干预相结合，须注意，镇静催眠、抗抑郁、抗焦虑、抗精神病等药物应由具备处方权的精神科医生开具。

8. 适度干预原则 心理干预工作者应充分认识到自身工作的重要性和局限性，心理干预不是万能的，需注意自我防护和适当休息，防止过度卷入和替代性创伤。

五、突发公共事件心理干预的对象

北京大学钱铭怡将需要干预的对象分为三级，一级受害者是指第一现场亲身经历灾难事件的幸存者；二级受害者是指有亲属在灾难中遭受伤亡者；三级受害者是指参与营救与救护的人员，包括：医生、护士、精神卫生人员、战士、警察等。其他需要心理辅导的人员还包括守在区域的公务人员，媒体记者等。

2008 年 5 月，原卫生部在汶川地震发生后，紧急制定了《心理自救互救宣传手册》，将地震受灾心理干预对象分为五级：

第一级人群：为直接卷入地震灾难的人员，死难者家属及伤员。第二级人群：与第一级人群有密切联系的个人和家属；现场救护人员（消防、武警官兵、120 救护人员、其他救护人员），以及地震灾难幸存者。第三级人群：从事救援或搜寻的非现场工作人员（后援）、帮助进行地震灾难后重建或康复工作的人员或志愿者。第四级人群：受灾地区以外的社区成员，向受灾者提供物资与援助。在某些人为灾难中，对灾难的发生可能负有一定责任的组织者也属于第四级人群。第五级人群：在临近灾难场景时心理失控的个体，易感性高，可能表现心理病态的征象。

中科院心理所张侃，通过对在四川江油人民医院的伤员和孤儿进行心理危机评估，大致上把心理障碍分为三种人群。第一种人群是受灾人群，他们亲身经历灾难，身心都遭到严重的创伤；第二种人群是灾难的救援者，他们亲历现场施救，目睹悲惨现场会产生救灾综合征，体现为以下三种状况：反复回忆灾难现场，闭上眼睛就开始想，一睡着就开始做噩梦；极力回避灾害话题；高度敏感，并伴随有失眠、焦虑、神经衰弱，不少救援队员可能会陷入心理崩溃当中；第三种人群就是收看电视新闻直播灾情的人们，他们因悲伤都会产生心理上的不安及恐慌情绪。

六、突发公共事件心理干预策略

这里我们简要介绍四类人群的心理干预措施，即受到灾害影响的灾区群众，包括普通人群和重点人群；受到灾害影响的儿童和青少年；现场救援相关人员，包括救援队队员、志愿者和媒体工作者等。

1. 普通人群　普通人群是指目标人群中经过评估没有严重应激症状的人群。对普通人群采用心理危机管理技术开展心理危机管理。从灾难当时的救援，到整个事件的善后安置处理，都需要有心理危机管理的意识与措施，以便为整个灾难救援工作提供心理保障。包括以下几方面：

(1) 对灾难中的普通人群进行妥善安置，避免过于集中。在集中安置的情况下实施分组管理，最好由相互熟悉的灾民组成小组，并在每个小组中选派小组长，作为与心理救援协调组的联络人。对各小组长进行必要的危机管理培训，负责本小组的心理危机管理，以建立起新的社区心理社会互助网络，及时发现可能出现严重应激症状的人员。

(2)依靠各方力量参与。建立与当地民政部门、学校、社区工作者或志愿者组织等负责灾民安置与服务的部门/组织的联系，并对他们开展必要的培训，让他们协助参与、支持心理危机管理工作。

(3)利用大众媒体向灾民宣传心理应激和心理健康知识，宣传应对灾难的有效方法。

(4)心理救援协调组应该积极与救灾指挥部保持密切联系与沟通，协调好与各个救灾部门的关系，保证心理危机管理工作顺利进行。对在心理危机管理中发现的问题，应及时向救灾指挥部汇报并提出对策，以使问题得到及时解决。

2. 重点人群 重点人群是指目标人群中经过评估有严重应激症状的人群。对重点人群采用“稳定情绪”“放松训练”“心理辅导”技术开展心理危机救助。

(1)稳定情绪技术要点：

1)倾听与理解。目标：以理解的心态接触重点人群，给予倾听和理解，并做适度回应，不要将自身的想法强加给对方。

2)增强安全感。目标：减少重点人群对当前和今后的不确定感，使其情绪稳定。

3)适度的情绪释放。目标：运用语言及行为上的支持，帮助重点人群适当释放情绪，恢复心理平静。

4)释疑解惑。目标：对于重点人群提出的问题给予关注、解释及确认，减轻疑惑。

5)实际协助。目标：给重点人群提供实际的帮助，协助重点人群调整和接受因灾难改变了的生活环境及状态，尽可能地协助重点人群解决面临的困难。

6)重建支持系统。目标：帮助重点人群与主要的支持者或其他的支持来源(包括家庭成员、朋友、社区的帮助资源等)建立联系，获得帮助。

7)提供心理健康教育。目标：提供灾难后常见心理问题的识别与应对知识，帮助重点人群积极应对，恢复正常生活。

8)联系其他服务部门。目标：帮助重点人群联系可能得到的其他部门的服务。

(2)放松训练要点：包括：呼吸放松、肌肉放松、想象放松。分离反应明显者不适合学习放松技术(分离反应表现为：对过去的记忆、对身份的觉察、即刻的感觉乃至身体运动控制之间的正常的整合出现部分或完全丧失)。

(3)心理辅导要点：通过交谈来减轻灾难对重点人群造成精神伤害的方法，个别或者集体进行，自愿参加。开展集体心理辅导时，应按不同的人群分组进行，如：住院轻伤员、医护人员、救援人员等。

(4)目标：在灾难及紧急事件发生后，为重点人群提供心理社会支持。同时，鉴别重点人群中因灾难受到严重心理创伤的人员，并提供到精神卫生专业机构进行治疗的建议和信息。

3. 突发公共事件儿童的心理干预　心理干预的重点是儿童。对于孩子们来说，经过大灾难后，普遍缺乏安全感，担心环境不安全；担心失去亲人失去依靠；担心自己未来等。会表现出惊慌、无助、逃避、退化、恐惧等一系列行为。其中，有些孩子会出现以上提到的急性应激障碍或重大"创伤后压力综合征"。心理干预的关键是鼓励其宣泄，让他尽量哭出来或说出来。具体说来，可从以下方面着手。

(1)亲近孩子，取得孩子的信任和依靠：这是心理干预的第一步。慈爱的微笑，关爱的话语，一些小玩具，亲近的肢体语言都有利于取得孩子的信任和亲近，如：抱抱小的孩子，搂搂大孩子的肩膀，摸摸额头；和孩子们一起玩游戏等；这些表达爱的方式会很快消除孩子的戒心而亲近你，让孩子们感觉你爱他们，这在心理干预中非常重要。

(2)倾诉与宣泄：让孩子不要隐藏自己的感受，试着把恐惧、悲伤等情绪说出来，或尽情哭出来，让身边的人一起分担他/她的痛苦；也可以让他/她们用书写和画画的方式记录下自己的感受。此时不宜采用让被干预者回忆创伤事件的认知疗法或暴露疗法，这些方法可能会使他/她们在不适宜的情况下再次体验创伤性经历，有加重创伤的可能性。

(3)教育孩子了解灾害和心理的知识：引导孩子用各种方式缅怀和悼念亲人，以获得内心的慰藉。鼓励孩子们多和小伙伴在一起，获得相互的支持。让他们认识到人生中会遇到各种各样意想不到的灾难，就是和各种预料不到的境遇做斗争。鼓励他们锻炼自己坚强的意志去面对各种困难，适应各种环境。

(4)对于有严重应激障碍的孩子，要配合相应的治疗手段：如表现为极端恐惧，可采用暴露疗法，它常作为系统脱敏疗法的一部分。还有，认知行为治疗、眼动脱敏与暴露治疗已经被证明在心理干预中行之有效，但必须是针对不同情况由专业的心理医生进行操作。

第四节　突发公共事件现场心理干预工作重点

该部分按照突发公共事件中心理疾病发展的时序特征，简述了心理干预各个阶段心理疾病的特点、评估方法、干预方法。评估一览表、常用评估量表、常见心理疾病的干预技术规范见附件。

一、突发公共事件后 24~72 小时心理干预

1. 概述　突发公共事件后“黄金 72 小时”，救援的主要任务是集中力量抢救生命。在这个阶段，个体受到外界强烈的危险信号刺激，身体的各种资源自动地迅速动员起来用以应对压力。由于灾害的突发性，个体尚未来得及从理性层面思考心理上的巨大冲击。

2. 心理问题及表现　因此，诸多心理问题以潜在的方式存在，或表现为一些身体症状，例如，头疼、发热、虚弱、肌肉酸痛、呼吸急促、腹泻、胃部难受、没有胃口和四肢无力等症状。同时，在行为上，灾难幸存者也会出现反应麻木、高警觉、内疚或自责、不相信灾难发生是真实等症状，这些心理与行为表现如不及时处理会导致将来严重的心理疾患发生。从社会心理学看，面临生存的关头，人们会联合起来对抗灾难，与外部救援人员一起营救生命和抢救财产，表现出众多全力以赴、乐观和亲社会的行为。

3. 干预对象　全体灾民。

4. 工作重点　心理干预的最佳介入时间是突发公共事件后 24~72 小时。这个阶段心理干预的主要工作包括：

1）迅速集结队伍，前往灾区指挥中心报到。

2）接受指挥中心任务分配，迅速前往指定区域，快速评估现场情况，包括：危机事件类型、心理刺激强度、干预人群范围、数量，现场可调配的资源等，为心理干预决策提供依据，并以此为基础制定干预方案。

3）心理干预主要是生命援救中的精神支持，即通过心理手段，保证生存。例如，汶川大地震中，救援官兵在解救被困群众、加速开展排险的过程中，不断与受困者对话，进行各种形式的鼓励，延迟其心理衰竭的产生，从而加大生存的希望。

4）社会情绪的安抚，包括提供必要食品、药品、生活用品等物质保障。

5）协助医治灾难引发的重症精神病（部分灾前有心理疾病或精神病史的灾民可能因为突发灾难的刺激，诱发严重心理问题或精神病性障碍，对此需要紧急专业处理）。

二、突发公共事件后 1~2 周心理干预

1. 概述　灾难发生后的第 1~2 周，受灾人群尚未来得及从理性层面思考心理上的巨大冲击。通过对灾民情绪、认知、行为与生理四个方面的症状评估，并给予及时有效的心理干预，能帮助受灾者减轻灾难带来的痛苦，防止应激相关障碍的发生，有助于他们日后的适应能力恢复。

2. 心理问题及表现 在这个阶段，也就是重大灾难突然发生最近的一段时间内，受灾人群经历或目睹重大突发事件后，正常的生活和心理平衡被打破，开始经历着与平时完全不同的生活，人们内心的紧张感会不断积蓄，随后会出现很多负面情绪。而这些情绪又会给他们带来更多的心理压力，人们会感到焦虑、震惊、麻木、担忧、恐惧和罪恶感，当压力积累并超过平时身心所能承受的极限时，就很可能陷入无法控制、惊慌失措的失衡状态。而这种失衡状态往往会给当事人的思维方式、情感表达、价值取向、生活信念和对生命的价值观带来诸多变化。

这一阶段，人们常出现的情绪反应有恐惧、悲伤、焦虑、怀疑、愤怒、烦躁、内疚、茫然、绝望、过分敏感或警觉、无法放松等。此外，诸多心理问题还会以潜在的方式存在，或表现为一些躯体症状，比如疲倦、失眠、身体发抖、抽筋、呼吸困难、喉咙及胸部梗死、胸闷、恶心、肌肉疼痛、肠胃不适、腹泻、食欲下降等。在认知与行为上，灾难幸存者也会出现反应麻木、高警觉、内疚或自责、回避、退缩、不相信灾难发生是真实的等症状，这些心理与行为表现如不及时处理会导致将来严重的心理疾患发生。

3. 干预对象 全体灾民。

4. 工作重点 这一阶段心理干预主要是：

1）针对全体灾民开展心理健康状况评估，以快速筛查心理疾病，确定其严重程度，从而为配置医疗资源和心理援助资源提供依据。

2）开展个体与团体心理干预。针对心理创伤程度不同，分层进行心理干预，关注重点人群，例如，丧子妈妈、失去父母的孩子等。

3）进行心理援助工作者培训，包括本地和外地赶赴灾区开展心理援助工作的专业志愿者或社会义工，以及相关工作人员。

4）开展心理健康教育。通过社区、学校开展心理健康知识普及，设置固定或流动的心理辅导站，发放心理自助资料。

5）救援人员督导。对从前线撤下来休整的救灾人员（救援官兵、医生、护士、志愿者等）进行心理干预，预防出现心理创伤。

三、突发公共事件后 3~4 周心理干预

1. 概述 灾难发生第 3~4 周，幸存者的生命安全已经得到保证，他们的防御反应逐渐趋于稳定，身体为了抵抗压力也已经做好了调整。然而，机体为了达到这种“正常”的状态付出了高昂代价，各种各样的心身疾病或心理问题在此时表现出来。突发公共事件心理干预的重点是对仍然具有一定程度心理失调或心理疾病的幸存者进行症状层面的评估，并进一步采取针对性干预措施。

2. 心理问题及表现 此阶段，受灾者的心理问题表现为：大多数人能够采

取各种有效方法接受现实，寻求各种资源努力恢复心理上的平衡，控制其焦虑和情绪紊乱，恢复到损害的认识功能。这一阶段受灾者主要的心理反应表现为在认知上会出现否认、麻木等压抑性反应；在情绪方面会出现不安、害怕、恐惧、悲哀、无助、愤怒、罪恶感等反应。

3. 干预对象　经过治疗后，仍存在严重心理问题或精神障碍的受灾对象。

4. 工作重点　此阶段，心理干预的重点是：

1）在前两周关系建立的基础上，评估第二阶段全面接触中心理干预工作的成效，根据评估结果，进行个体心理病患评估。

2）对于筛检出的创伤后应激障碍高风险人群和其他严重心理疾病的受灾人群，应根据其问题性质及严重程度，制定长期心理干预计划或进行转诊治疗。

3）现场心理干预结束前，应将心理干预个案相关资料整理存档，做好与当地精神卫生机构和后续救援力量转交工作等任务。

4）全体参与救援的心理工作者做一次督导，及时发现并解决队员心理困扰，确保其心理平稳过渡，顺利回归工作岗位。

5）清点、回收设备，准备撤离。

第五节　国内外突发公共事件心理干预概况

人类很早以前就意识到，创伤事件可能对个体产生不同程度的心理影响，有些遭受重大创伤事件的人甚至终生都活在灾难带来的心理阴影中。因此，对经历过灾难的人们进行安抚和心理干预变得十分重要。但是，系统的心理干预理论指导20世纪40年代才正式被提出来。经历地震、台风、洪涝等自然灾害以及战争、暴恐事件等人为灾难的冲击，发达国家灾难心理援助体系已日趋完善和成熟。很多发达国家制定了健全的防灾、减灾法规和相关法律，明确灾难心理援助的组织机构和工作细则，并将灾难心理援助列入国家紧急事务应急预案，建立国家级灾难心理援助系统。

一、美国突发公共事件心理干预的机制及组织方式

1942年，美国波士顿一场严重的大火造成了近500人死亡。这次大火之后，美国心理学家总结出危机事件中影响心理反应的若干因素，自此，心理干预开始有了基本理论指导。20世纪中期，美国国家心理卫生署（NIMH）着手制定灾难受害者服务方案，官方资助对重大灾难的社会心理反应进行研究。1963年，美国国会通过“社区精神健康法”，强调心理健康服务应面向全体公民，并建立由政府提供经费支持开展的社区精神卫生服务中心。

美国国家心理卫生署于1978年出台了《灾难救助心理辅导手册》，这是第一本由政府颁布的心理援助指南，该指南将突发公共事件心理援助或心理服务列入联邦紧急事务应急预案，在国家或地区发生紧急事件时，启动国家紧急事件管理系统进行灾后管理重建工作。在美国，联邦应急管理局是政府处理平时和战时紧急事务的重要机构，负责整体统筹、协调灾难援助工作。该机构不仅提供紧急心理援助，还资助突发公共事件心理援助相关研究项目。目前，全美有超过82 000项政府项目与突发公共事件心理援助有关，已经形成了由政府组织、非政府组织、社区和居民共同参与构成的突发公共事件心理援助体系。灾难发生后，最重要的政府机构是当地地方政府，包括市、县的地方官员。由于美国各地差别很大，地方政府负责灾难救援的机构不一致，大部分的小城镇由市长或者消防队长负责；在县一级，一般由兼职或全职的救灾处理官员负责；在较大的城市或县才会有专责的紧急处理部门。但是就心理救援而言，地方政府内部尚未有专门的负责机构，地方政府一般是通过地方精神卫生机构提供心理援助服务。美国的州政府一级设有心理卫生主管部门，并下属心理卫生服务机构。美国联邦政府中与灾难心理救援相关的主要部门有：美国应急管理局（Federal emergency management agency，FEMA）、卫生与公共服务部（Department of health and human services，DHHS）、退伍军人事务部（Department of veterans affairs）等（图1-2）。

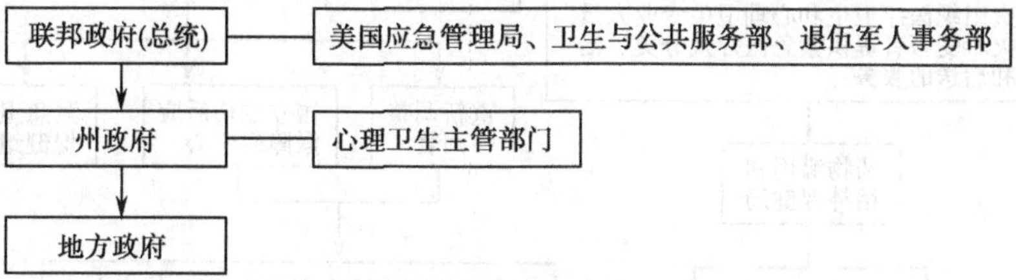

图1-2　美国各级政府灾难心理救援的负责机构

美国联邦政府中与突发公共事件心理救援相关的三个主要部门（图1-3）。

1. 美国应急管理局　美国应急管理局是灾害救援的统筹协调机构，是隶属于总统的专门处理重大灾害的联邦紧急事务管理常设机构，该机构下的国家灾难医疗系统包括灾难心理援助系统（disaster mental health service，DMHS），灾难心理援助系统对心理援助人员的培训、心理援助如何展开等都有明确规定，长期为危机干预项目提供资金支持，并联合其他组织机构一起，为灾难受害者提供心理援助。

2. 药物滥用和精神保健局（Substance abuse and mental health services administration，SAMHSA）　SAMHSA是下属于卫生与公共服务部下的公共卫生署（Public health service，PHS），是突发公共事件心理援助的重要机构。药

物滥用和精神保健局组建了多个灾难医学救援小组(disaster medical assistance teams,DMATs),每一小组大约由含心理专业在内的30名多种专业志愿人员组成,为伤病员提供紧急医疗服务;药物滥用和精神保健局还专门设有心理卫生服务中心(Center for mental health services,CMHS),其紧急服务及灾难救援项目组(Emergency services and disaster relief branch,ESDRB)主要为灾难受害人提供及时、短程的危机咨询以及情绪恢复的伴随支持等服务。

3. 退伍军人事务部所属部门　其中与灾难心理卫生服务紧密相关的主要有:紧急卫生保健组(Emergency management strategic health care group,EMSHG)、国立创伤后应激障碍中心(National center for post-traumatic stress disorder,NCPTSD)及重新调整咨询署(Readjustment counseling service,RCS)。国立PTSD中心还与重新调整咨询署联合开展了灾难心理卫生项目,组织专业培训,组建反应网络,并联合其他组织机构一起为灾难受害者提供心理卫生服务。

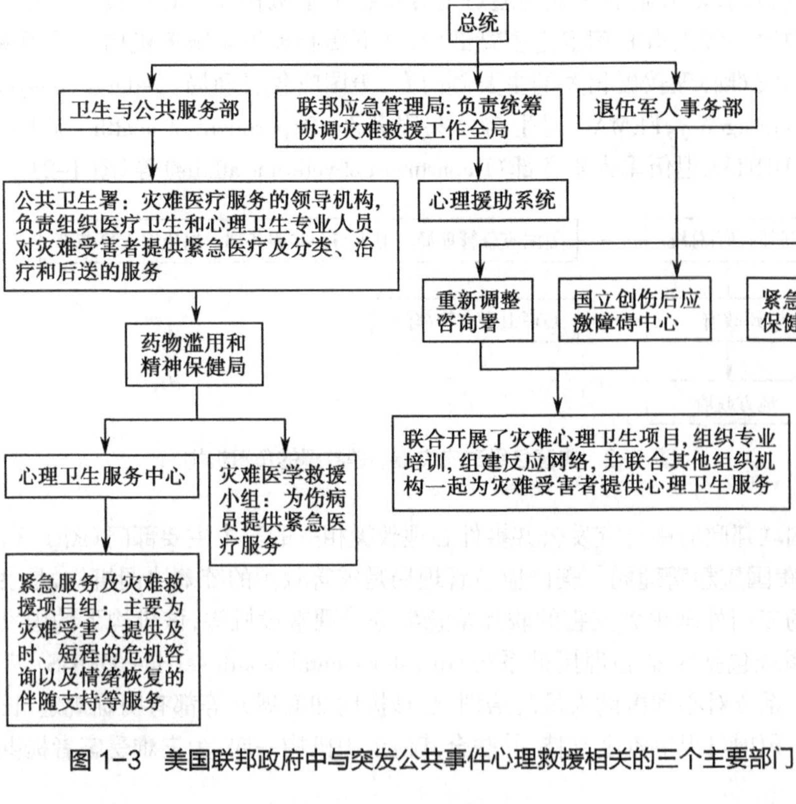

图1-3　美国联邦政府中与突发公共事件心理救援相关的三个主要部门

美国除政府机构外,许多非盈利的社会团体、学术组织、宗教组织和高等院校也积极参与灾难心理卫生服务,如美国红十字会(American red cross,ARC)、美国心理学会(American psychological association,APA)、美国婚姻与家庭治疗学会

(American association of marriage and family therapy, AAMFT)、美国精神病学学会(American psychiatric association, APA)、美国社会工作者协会(National association of social workers, NASW)、各高等院校的医学院、心理系、社会工作系、护理系以及一些宗教组织等。

二、日本突发公共事件心理干预的机制及组织方式

日本早在1961年就出台了《灾害对策基本法》,之后陆续出台了一系列法律、法规,构成了完整地防灾、减灾法律体系,特别强调了心理援助在突发公共事件援助体系中的重要作用。消防厅和厚生劳动省负责组织灾害医学救援,其中消防厅负责突发公共事件现场救护,厚生劳动省负责医学应急救援和医疗救治。但是心理救援此前并未在政府机构中专门设置,1995年阪神大地震后,日本对《灾害对策基本法》做了修订,完善了受灾地区心理创伤医治机制,由政府建立心理创伤治疗中心,同时设置心理创伤治疗研究所,对心理创伤及创伤后应激障碍等进行调查研究(表1-1)。

表1-1　日本政府设置的灾难心理创伤相关机构的分工

时期	机构设置	职责
灾难发生时	心理创伤治疗中心等	提供灾难心理救援
非灾害时期	心理创伤研究所	对心理创伤及创伤后应激障碍等进行调查研究,为灾难心理救援提供支持

日本建立了从中央到地方的完善的突发事件应急管理体系(图1-4),确保灾难心理援助有效实施。在中央应急管理系统(图1-5)中,内阁首相是最高指挥官,内阁官房是首相的辅佐机构,同时,安全保障会议负责国家安全管理,阁僚会议和内阁会议是实际处理突发事件的日常机构,中央防灾会议负责制定和推行防灾基本计划、紧急灾害应急措施计划,审议首相提出的重要防灾事项等。而具体实施相关救助的部门主要有厚生劳动省、国土厅、气象厅、防卫厅和消防厅等。

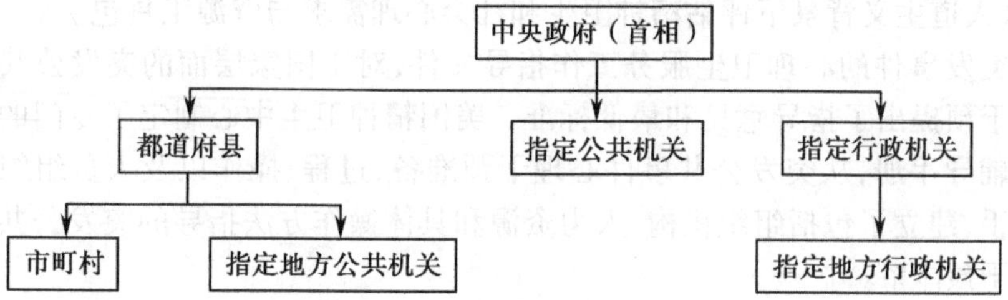

图1-4　日本各级应急管理体系

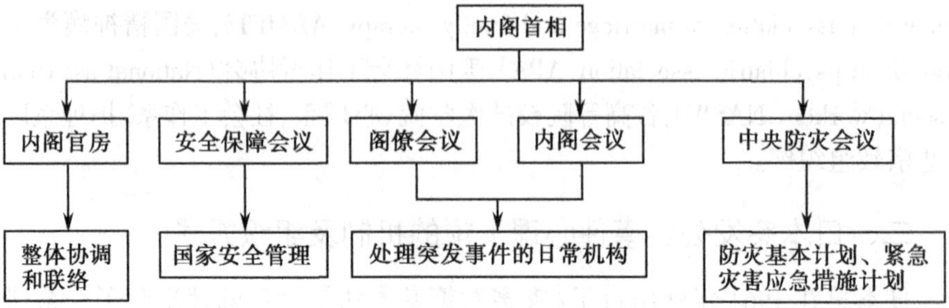

图 1-5 日本中央应急管理系统

日本在灾难救援,包括心理救援方面不单纯依靠中央政府的行政力量和自卫队援助的"公救",也十分重视民间团体的作用,并通过教育等手段提高国民"自救"的能力。在日本,已登记注册的非政府组织(Non-government Organization,NGO)和非营利组织(Non-profit Organization,NPO)有 29 203 个。此外,日本红十字会、生命救助会等组织与内政部建立了固定联络,仅这些机构就有 50 万名专业人员可以随时供政府调度。另外还有各大学的医学院、心理学系、社会工作系、慈善机构等的心理援助工作者也是最主要的民间力量。日本的《灾害对策基本法》规定了所有日本人从幼儿园开始就必须接受灾害对策教育,教授地震灾害自救能力;建立多个防震中心,进行模拟地震情景训练,让民众提前熟悉地震的破坏力。

三、其他国家或者国际组织突发公共事件心理干预的机制及组织方式

世界卫生组织将流行病学研究方法和公共卫生模型应用于灾害研究,制定了突发公共事件精神卫生和社会心理服务手册,建议各受灾国家政府在灾难发生和恢复期采取精神卫生和心理服务干预措施,同时也在其网站上发布了《现场心理急救工作者手册》《人道主义紧急事务感知需求评估工具包》等各类突发公共事件应急工作、精神卫生和心理干预指南及手册。联合国机构间常设组织下属精神卫生服务部门出版了《紧急状态下精神卫生和社会心理援助指南》《人道主义背景下评估精神卫生和社会心理需求与资源工具包》等一系列针对突发事件的心理卫生服务工作指导文件,对于国家层面的突发公共事件心理干预提出了指导意见和最低标准。美国精神卫生中心制定了专门的心理干预辅导手册,从突发公共事件心理干预准备、过程、操作以及人员组织等细节入手,建立了包括组织机构、人力资源和具体操作方法指导的突发公共事件心理干预体系。

英国在 1987 年沉船事件发生后,通过成立社会支援组织,对受灾者进行公

众教育、家访、长期心理辅导或电话心理咨询等心理援助活动。目前英国灾难及突发事件国家应急反应计划分郡和国家两个水平。当灾难发生时，首先启动郡一级的反应，由郡级政府统筹管理，组织由专业人员参与的灾难心理—社会反应小组，为受害者及家属提供个体或小组的辅导服务，其次根据灾情由内政部与卫生部组织启动国家水平的反应。

新加坡在1986年新世纪酒店倒塌事件发生后，政府派专业人员对幸存者进行危机心理干预，1994年又建立了国家应急行为管理系统，为经受灾难的人们提供医疗及心理服务。现在新加坡内务部与卫生部在1994年联合组建了国家应急行为管理系统，该系统由首席应急行为官领导，下设应急行为管理委员会，由卫生部等9个有关政府部门参加，为灾难受害者提供医疗及心理卫生服务，并管理社区压力。

四、我国突发公共事件心理干预实践回顾

我国最早的灾害心理干预始于1994年的克拉玛依大火，原卫生部派遣的专业心理医生队伍于灾后1个月抵达现场，对出现心理问题的死难者家属和一些重伤员进行心理问题疏导，虽然从响应时间和事后监测等方面来看，当时的干预十分简陋，但这次行动作为全国首例突发公共事件心理干预，取得了宝贵的经验。此后在1998年的张北地震，北京大学精神卫生研究所对灾区两个村落进行了对照干预研究，显示了干预对于改善突发公共事件心理危机起到了至关重要的作用；2002年大连“5·7空难”发生后，我国首次实现了灾后24h心理干预；2003年严重急性呼吸综合征（severe acute respiratory syndrome，SARS）疫情暴发，面对突如其来的大规模公共卫生事件，我国心理医生首次实现了大面积、全方位介入的心理干预工作；2008年5月12日，汶川发生了里氏8.0级强震，大批心理工作者涌入灾区参与突发公共事件心理康复工作，原卫生部紧急抽调国内知名心理学专家组，在灾后第四天就发布了《心理自救互救宣传手册》，成为我国官方正式发布的第一部突发公共事件心理干预操作指南；为进一步指导各地科学、规范地开展突发公共事件重建期心理卫生服务工作，2008年7月3日，原卫生部制定了《灾后不同人群心理卫生服务技术指导原则》，从心理援助需求、心理问题诊断、医学处置、心理学处置和心理问题随访等五个方面，对精神科执业医师及经过认证的心理治疗师提出了明确的技术指导规范。教育部颁布《关于地震灾区中小学开展心理辅导与心理健康教育的指导纲要》，以具体指导地震灾区中小学进行科学、持续、高效的心理辅导与心理健康教育。2010年“4·14青海玉树地震”发生后，青海省在中科院心理研究所的专业支持下，科学筹划突发公共事件心理干预活动，制定了《榆树地震灾后恢复重建总体规划》，将灾后心理干预纳入灾后重建整体计划。

五、我国突发公共事件心理干预政策沿革

2002年，国务院颁布《中国精神卫生工作规划(2002—2010年)》明确规定："发生灾难后，当地应进行精神卫生干预，并展开受灾人群心理应急救援工作。"2004年《关于进一步加强精神卫生工作的指导意见》明确提出"积极开展重大灾难后受灾人群的心理干预和心理应急救援工作，评估受灾人群的精神卫生需求，确定突发公共事件心理卫生干预的重点人群，提供电话咨询、门诊治疗等危机干预服务"，为我国突发公共事件心理危机的干预工作提出了明确的目标和要求。2008年6月，国家法规《汶川地震灾后恢复重建条例》(中华人民共和国国务院令第526号)就明确规定应开展灾后心理援助工作，同年8月，《国家汶川地震灾后恢复重建总体规划》将"心理康复"作为精神家园恢复重建的重要组成部分。《中国精神卫生工作规划(2011—2020年)》提出，将灾难心理援助纳入各级政府灾难和突发公共事件应急救援体系，制定灾难心理援助预案，到2015年，重大灾害(事件)后60%的受灾人群能够获得心理援助，到2020年达到70%。2013年5月1日，《中华人民共和国精神卫生法》正式颁布实施，标志着我国精神卫生工作从此进入法制化管理时代，《精神卫生法》的颁布也为灾后心理援助的组织实施提供了明确的法律依据，其中第二章14条规定："各级人民政府和县级以上人民政府有关部门制定的突发事件应急预案，应当包括心理援助的内容"。发生突发事件，履行统一领导职责或者组织处置突发事件的人民政府应当根据突发事件的具体情况，按照应急预案的规定，组织开展心理援助工作。

六、我国各地方心理危机干预机构

1. 浙江的心理危机干预机构 2005年由杭州市政府批准成立"杭州市心理危机干预中心"，这是首家由政府成立的心理干预中心，其职能是：开展心理危机的监测和研究，提供心理危机的预防和干预的社会服务，承担社会宣传，临床服务和专业人员培训等工作。在突发性公共卫生事件、灾难(如洪水、空难、地震、爆炸等)等爆发时，及时组织专业技术力量，协调各部门预防和控制群体性心理危机的蔓延，并对心理危机严重者给予及时治疗和帮助。同时，通过对社会的宣传与指导，提高公众应对心理危机的能力。目标是寻求一套干预心理危机的科学性方法；建立处理心理危机(包括突发公共卫生事件)工作体系；建立面对高危人群心理危机服务及社会支持网络；提高公众应对心理危机的能力；建立长期资助心理危机服务研究的运作机制。市政府每年投入100万元，形成了市、区、街道乡镇三级网络；开设了全国最早的心理危机干预热线，目前已有6万多人次接受及时的心理救援，及时发现了170多个自杀者，通过110挽救了宝

贵生命；在大学生中开设自杀预防与干预试点工作；该市政府每年投入 200 万元，健全市级精神防治网络，共同管理 4 万重症精神患者。2004 年台风“云娜”过后，杭州市心理危机干预中心的心理医生紧急赶赴灾区，11 天时间内夜以继日干预了 400 多位灾民，在其他如印尼海啸、云南地震、桑美台风、汶川地震等各自然灾害心理救援中都有他们的身影。目前，杭州心理危机干预已成为国内重大灾害心理危机干预样本。“杭州模式”已成为我国地方政府进行心理危机干预的典范。

2. 广东的心理危机干预机构 2006 年广东省精神卫生研究所作为首个试点单位，开始对火灾、车祸等造成重大伤亡的天灾人祸，或公共卫生事件中受灾者本人及家属，提供心理应急救援工作，包括评估受灾人群精神卫生需求，确定灾后精神卫生干预的重点人群，提供现场心理疏导、电话咨询、门诊治疗等多种危机干预工作。2006 年 8 月，由广东省精神卫生研究所 10 名心理专家组成的广东首支“灾后心理救援工作队”奔赴乐昌灾区，对受灾学生进行心理危机干预，首度启动了广东省的心理危机干预机制。

3. 南京的心理危机干预机构 南京“灾后心理急救队”已经在南京市红十字会成立，这是国内红十字会系统的第一个“灾后心理急救队”，也是国内首个针对灾后“心理救援”的社会公益型的志愿者组织。一旦出现突发公共事件，在允许的情况下，“灾后心理急救队”的专家和志愿者将进入救援现场，给当事人或相关人员及时提供心理支持。

4. 深圳的心理危机干预机构 2004 年 12 月 23 日，深圳市心理危机干预中心在深圳康宁医院成立，成为国内第六家心理危机干预中心。该中心开通了 24 小时的自杀干预热线，并组建了心理救援队，专门为心理疾病患者提供心理救援。在汶川地震后，对参与救灾的公安特警和收治的 96 名灾区伤员进行心理评估和心理干预，并对各层面近千人次的心理咨询师、志愿者进行了培训。

另外，北京、上海等城市均成立了心理危机干预中心，沈阳等城市也积极筹备建立心理干预中心，以市精神卫生中心为依托，通过热线、网站等渠道对公众进行心理干预，同时向社会招募一批具有专业心理咨询资质的志愿者，以便能在灾害发生时派出专业的心理危机干预队伍赶赴现场进行干预。

参考文献

1. 邱慧萍，灾难性危机事件的心理干预．江西农业大学学报，2004，3(1)：135-136.
2. 严文华．汶川地震灾后心理干预的特点及思考．第二军医大学学报，2008，29(6)：594-599.
3. 戴安·梅尔斯．灾难与心理重建：心理危机干预实务手册．北京：北京大学出版社，2008.
4. 何立群，张涛．震后早期心理辅导探讨．西南交通大学学报(社科科学版)，2008，9(4)：

28-32.

5. 钱革．汶川震后心理危机的早期干预：文献综述与评价．兰州学刊，2009，(3)，134-137.
6. 钱铭怡．国内外重大灾难心理干预之比较．心理与健康，2005，4：4-6，1.
7. 郭静，郑静晨，陈金宏，等．开展灾后心理评估及建立干预应急模式的探讨．中国急救复苏与灾害医学杂志，2013，(12)：1073-1076.
8. 金嫣．自然灾害下政府应急管理中的心理危机干预研究．内蒙古：内蒙古大学，2011.
9. 罗震雷，杨淑霞．震灾后不同群体的心理应激与危机干预．中国西部科技，2008，7(26)：66-67.
10. 吴英璋，许文耀．灾难心理反应及其影响因子之文献探讨．临床心理学，2004，41(4)：399-411.
11. 肖旻婵．运用ACT危机干预模式进行震后心理危机干预．小学心理健康教育，2008，(14)：4-6.

第二章

突发公共事件现场心理干预组织指挥体系

灾后心理干预是整个减灾工作中的一个重要组成部分,必须依托救援的整个组织系统运作。灾后心理干预的组织、指挥、协调需在灾后救援工作整体部署下有序进行,一旦脱离灾后救援指挥中心,就会出现多头领导,混乱无序。"5·12"汶川大地震抗震救灾和灾后恢复重建的成功经验告诉我们,灾难发生以后,将心理救援及时纳入抢险救灾体系中,已是政府和社会各界的共识。早在2008年6月,国家法规《汶川地震灾后恢复重建条例》就明确规定应开展灾后心理援助工作;同年8月,《国家汶川地震灾后恢复重建总体规划》将"心理康复"作为精神家园恢复重建的重要组成部分。2013年5月1日正式颁布实施的《中华人民共和国精神卫生法》第二章14条规定:"各级人民政府和县级以上人民政府有关部门制定的突发事件应急预案,应当包括心理援助的内容"。发生突发事件,履行统一领导职责或者组织处置突发事件的人民政府应当根据突发事件的具体情况,按照应急预案的规定,组织开展心理援助工作。

为避免社会各界心理援助人员的一拥而上、干预盲区和重叠区的存在,甚至给受灾群众造成二次伤害等不良后果的发生,所有救援工作必须紧紧依托当地政府和相关部门,由当地救援指挥部根据属地灾难发生和损害的情况,及时统一调配社会各界的救援力量,有序、规范和科学地组织抗震救灾,并及时反馈救援的进度、难度和问题建议等工作信息,做到救灾、受灾信息的共享和畅通。所有心理救援力量到达灾区后及时报告当地卫生主管部门,服从统一派遣,将每支心理救援力量都整合到抗震救灾的全过程中。

第一节 心理干预指挥部

一、指挥部的构建

突发公共事件现场心理干预工作应依托当地政府和相关部门,通过建立基于统一指挥体系的突发公共事件现场心理干预组织框架,形成以专业心理干预队伍为主,社会团体、志愿工作者为辅,灾区巡诊与心理服务中心坐诊相结合的现场心理干预组织管理模式(图 2-1)。

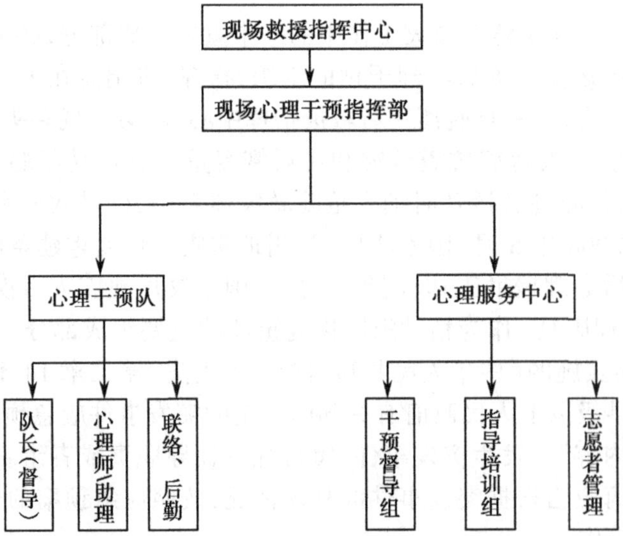

图 2-1 突发公共事件现场心理干预组织框架

现场心理干预指挥部隶属救援指挥中心,接受统一领导,由卫健委应急办主管领导、当地政府卫生相关负责人和危机干预专家组成,全面协调、管理、指导突发公共事件现场心理干预工作开展,具体包括:①召集心理干预队伍,组织开展灾后心理需求及可利用资源评估,在此基础上制定心理干预计划;②协调各有关部门工作,收集下属各部门工作信息,定期召开信息发布会,向有关部门和社会媒体、大众介绍灾区心理干预工作进展情况;③监督心理干预工作开展,评价干预效果,及时总结并加以改进;④在撤离时提交完整工作报告,做好恢复期与当地心理干预资源的过渡转交。

二、心理干预总指挥工作流程(图 2-2)

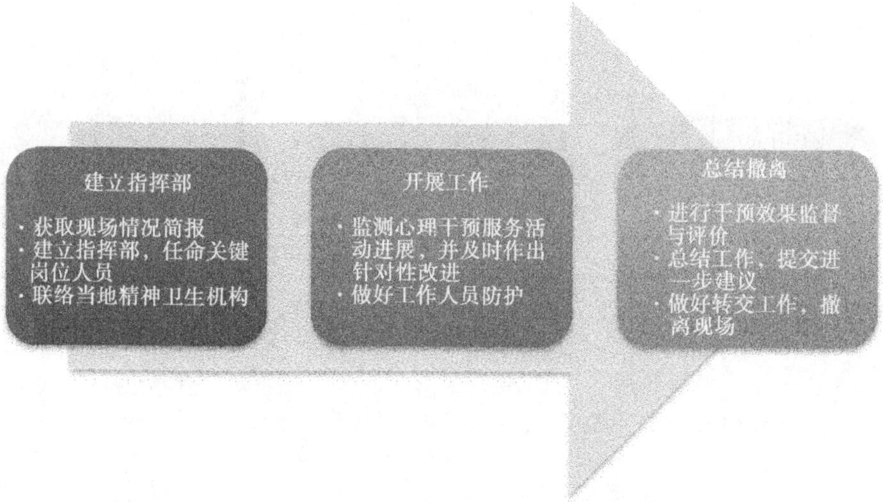

图 2-2 心理干预总指挥工作流程

【所需工具 / 文件】

1. 灾区情况简报(从救援总指挥部获取)

2. 获取通讯录(由秘书 / 联络员制作)

3. 填写现场心理干预岗位职责表格 –L1：突发公共事件现场心理干预总指挥

4. 工作简报(由秘书 / 联络员制作)

突发公共事件现场心理干预指挥部，通常设置 3~5 名秘书 / 联络员，以协调现场心理干预指挥工作，做好沟通协调、文书整理等辅助工作(图 2-3)。

【所需工具 / 文件】

1. 灾区情况简报 由秘书 / 联络员在到达灾区第一时间，从救援指挥部获取。内容包括受灾范围、受灾严重程度、人员伤亡、道路损毁情况和现场组织指挥体系等。

2. 通讯录 由秘书 / 联络员在到达灾区第一时间，从救援指挥部获取，并结合现场心理干预各个岗位人员任命，拟定通讯录，下发相关人员。

3. 工作简报 该简报由秘书 / 联络员收集，每日汇总简报。内容包括：

(1) 现场心理干预资源及开展活动：主要包括进入灾区的心理干预队伍能力

评估表(R1)、心理干预志愿者登记表(R2),开展活动内容评估表(R3)。

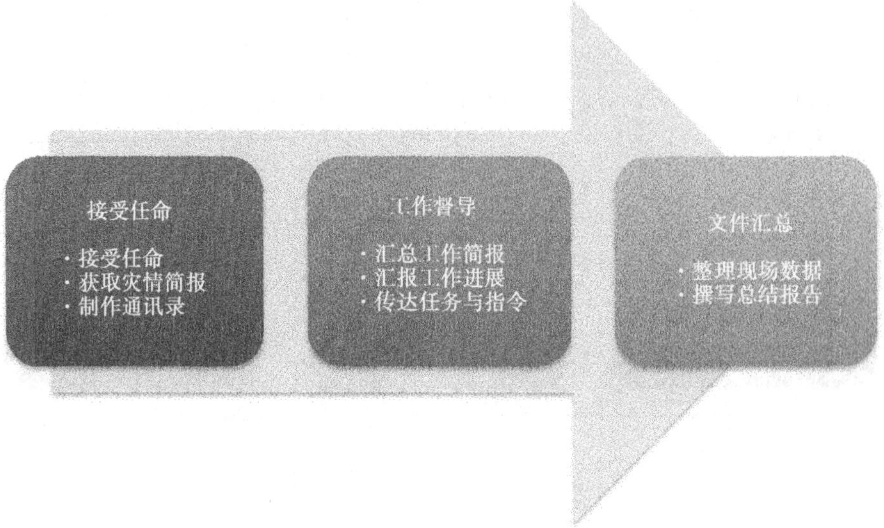

图 2-3 秘书/联络员工作流程

(2)现场心理评估结果,灾区心理服务需求等信息:主要包括各个阶段心理评估信息的分类汇总,确保现场心理干预服务更具针对性。

(3)现场心理干预工作者的意见、建议以及其他需要说明的情况。

第二节 心理服务中心

一、心理服务中心的职能

心理服务中心作为突发公共事件现场心理援助指挥部的办公地点,主要负责灾区来访者接待、技术指导和志愿者管理。

具体工作如下:①安置工作人员与其他资源,以满足中心特殊人群的需要,如儿童、老年人、残疾人及其他特殊团体;②作为灾后心理干预信息中心,让工作人员和幸存者熟知灾区或邻近地区的心理卫生资源;③对避难所的住民提供经验分享及团体支持,包括设立儿童天地,开展适合其年龄的心理干预活动;④提供有关正常灾难压力反应,以及有助于儿童与成人的压力管理策略的传单、手册、海报及视频等;⑤对中心所有工作人员提供相关心理培训与咨询。主体包括:了解幸存者与工作人员在灾难发生时与灾后的情绪反应阶段等,识别与满足特定人群心理需求,使用的干预技术与应对技巧等;⑥对中心所有工作人员和志愿者进行压力管理与心理督导，提供有关工作人员的日程安排、休息放松以及支持性的协助，定期安排团体辅导与放松训练。在任务结束时，组织所有员工进行团体辅导。

二、心理服务中心负责人工作流程（图 2-4）

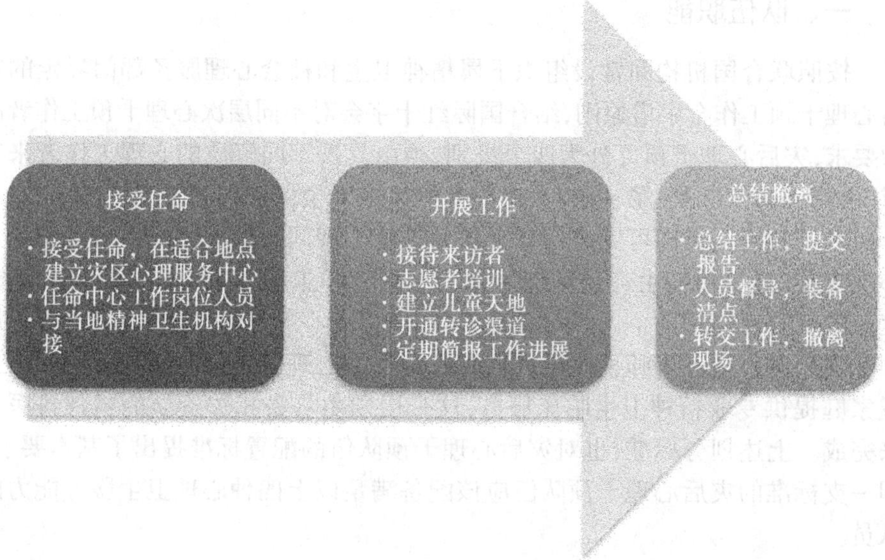

图 2-4　心理服务中心负责人工作流程

【所需工具 / 文件】

1. 灾区情况简报（从救援总指挥部获取）
2. 获取通讯录（由秘书 / 联络员制作）
3. 获取现场心理干预岗位职责表格 -L3：心理服务中心负责人
4. 心理伤票（R4）
5. 开展活动内容评估表（R3）
6. 志愿者登记表（R2）
7. 工作简报
8. 总结报告

第三节　心理干预队伍

突发公共事件现场心理干预队伍是国家卫生健康委员会（原国家卫生和计

划生育委员会)派往灾区实施专业灾后心理干预的主力军。救援总指挥部根据灾害的级别、人员伤亡、财产损失等情况确定灾害的严重等级,研究决定派国家级、省市级或区县级心理干预队伍前往灾区。心理干预队伍接到命令后,迅速赶往突发公共事件现场指定区域(包括危重伤病员所在医院、受灾群众安置点、学校、社区等地)开展心理干预服务工作。

一、队伍职能

按照联合国机构间常设组织下属精神卫生和社会心理服务部门界定的灾后心理干预工作金字塔原则,结合国际红十字会对不同层次心理干预工作者能力要求,灾后心理干预可分为四个级别,须由具备不同资质的心理工作者来完成,由低到高依次是:第一层,为一般人群提供安全保护和基本支持,这一层工作由现场救援人员即可完成;第二层,为轻度心理问题的灾民提供家庭和社会心理支持,这一层需由经过培训的社会工作者和志愿者来完成;第三层,为轻度至中度心理问题的个人、家庭或团体提供重点心理支持,这一层需由接受培训并督导的心理咨询师来完成;第四层,为严重心理问题乃至精神障碍的个人或家庭提供专业精神卫生临床服务,这一层须由具备相关资质的精神科医生来完成。上述划分标准,也对灾后心理干预队伍的配置标准提出了基本要求,即一支标准的灾后心理干预队伍应该配备满足以上四种心理卫生服务能力的队员。

二、配置标准

突发公共事件现场心理干预队伍配置标准推荐两种模式,各级卫健委相关部门可根据本地精神及心理卫生人力资源状况择情参考。

1. 分级配置 按照灾害等级(特大、重大、较大、一般)派出不同级别队伍(国家级、省市级、区县级,表2-1)。

表2-1 卫健委各级心理干预队伍配置标准(供参考)

队伍级别	人数	可开展的服务项目	服务时长
国家级	12~15	国家级心理干预队伍,可对灾区省级、市(地)级队伍进行领导和业务指导 1)精神疾病诊断及专业临床治疗 2)严重心理问题诊断及治疗 3)心理急救、心理支持 4)心理干预培训、心理健康教育	2批次,4周

续表

队伍级别	人数	可开展的服务项目	服务时长
省市级	8~12	省级心理干预队伍，可对灾区市(地)级队伍进行领导和业务指导 1)精神疾病鉴别诊断 2)严重心理问题诊断及治疗 3)心理急救、心理支持 4)心理干预培训、心理健康教育	1批次，2周
区县级	6~8	1)严重心理问题诊断及治疗 2)心理急救、心理支持 3)心理干预培训、心理健康教育	1批次，1周

注：该配置标准为最低参考标准，各级心理干预队伍应至少满足以上标准。

2. 模块化配置 按照国际惯例，一支心理干预队伍至少应配备7名工作人员，包括：1名精神科医生负责评估诊断常见精神疾病，2名心理咨询师，进行心理咨询和个体危机干预，2名心理辅导员，进行团体心理辅导，至少2名工作人员，负责后勤保障、联络及其他事务(表2-2)。

表2-2 突发公共事件现场心理干预队伍模块化配置标准

职务	人数	资质	职责
队长	1	1. 临床/医学心理学、精神医学高级职称 2. 具备丰富的危机心理干预及督导现场工作经验	1. 带领队伍前往指定区域，开展心理干预工作 2. 队员安全防护、轮岗休息
中级专业工作人员	2	1. 临床/医学心理学、精神医学中级以上职称 2. 从事危机心理干预相关工作三年以上	个体心理干预和团体心理辅导
初级专业工作人员	2	1. 心理学/医学/教育学/社会工作/人类学相关专业 2. 国家认可的心理咨询、社工等从业证书	协助心理师进行个案记录、团体心理辅导及文书整理等

续表

职务	人数	资质	职责
联络/后勤	2	1. 参加过相关演练,熟悉出队规则 2. 了解信息汇总、上报机制 3. 熟悉装备使用及维护	1. 与指挥中心建立联络 2. 汇总队伍工作信息 3. 其他沟通联络事宜 4. 装备管理 5. 物资调配 6. 生活后勤等

注:表中人员资质为最低标准。

三、心理干预队长工作流程(图 2-5)

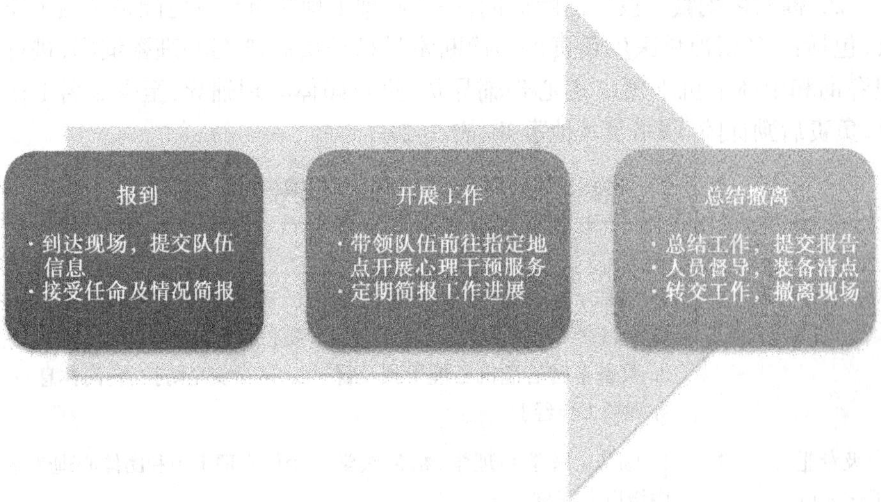

图 2-5　心理干预队长工作流程

突发公共事件现场心理干预队伍是卫健委派往灾区实施专业灾后心理干预的主力队伍。救援总指挥部根据灾害的级别、人员伤亡、财产损失等情况确定灾害的严重等级,研究决定派国家级、省级或市(地)级心理干预队伍前往灾区。心理干预队伍接到命令后,迅速赶往突发公共事件现场指定区域(包括危重伤病员所在医院、受灾群众安置点、学校、社区等地)开展心理干预服务工作。

组织本队按照心理干预指挥中心任务部署，在灾区特定区域开展心理干预服务活动。

【所需工具/文件】

1. 灾区情况简报（从救援总指挥部获取）
2. 获取通讯录（由秘书/联络员制作）
3. 进入灾区的心理干预队伍能力评估（R1）
4. 获取现场心理干预岗位职责表格 -L2：心理干预分队长
5. 心理伤票（R4）
6. 开展活动内容评估表（R3）
7. 工作简报
8. 总结报告

第四节　志愿者管理

由于自然灾害发生时间上的不确定性，在发生自然灾害后很多人自发的投入到自救中来。这种复杂与无序就带来了一些救助的盲目性、志愿者身份认定的困难性、抵抗次生灾害的脆弱性等因素，使得志愿者的安全保障问题变得尤为重要。志愿者管理可以帮助调整志愿者组织的条理性。在这一组织中着重的工作是对志愿者进行有序、合理、科学的管理和督导，以及对其生活提供必要的保障。应该以宏观把握和分别对待为原则，对当地志愿者和外界援助志愿者可以统一和整合。做好志愿者群体的编排，使对其的管理做到有序化。

一、志愿者招募

突发公共事件现场心理卫生服务中心应建立志愿者报到区，前来的专业志愿者可以在此处报到，并填写报名表（详列个人资质、技能以及以往相关工作经验）。报到区每天固定时间对志愿者开放，通过海报及公告说明接待报名时间。心理服务中心工作人员可以在路口设置指引标示，引导专业志愿者前来报到。

二、志愿者培训

由于灾难现场的特殊性，即使专业心理工作者也需要专门针对灾难现场心理救援的训练，而志愿者的来源复杂，灾区工作的经验和自身条件等有很多不同，因此除应组织日常的培训外，灾区现场也应对志愿者进行简洁必要的培训。

(1)必要的法律法规，明确志愿者自身的权利和义务。

(2)本次灾害心理危机干预计划，包括救援中心的组织架构、指挥体系、各部门的职责、各种救援组织或个人由报到到撤离的流程及其可能提供的服务等。

(3)志愿者的岗位职责，例如标示的佩戴和使用，文书的处理以及宣传资料的制作方法等。

(4)灾区的基本情况，包括灾难的现况、灾区简介、灾区及与救灾相关的资料、后勤、沟通、交通、在灾区的卫生及安全。

(5)志愿者自身的心理防护，了解救灾工作必然的压力，认清并管理好自己的压力，预防替代性创伤的方法及请求援助的途径等。

(6)灾难心理救援的基本知识，例如了解人在重大灾难中的行为表现，包括影响个人对重大灾难反应的因素，灾难的各个阶段，“高危”人群，对失落及悲伤的观念；了解如何处置灾难中的特殊人群，如儿童、老人、残障人士、少数族群及贫困人口等；了解负责救灾和灾后重建的各组织的性质，包括关键性组织的角色、责任及资源，各级救援组织的服务方案，如何向幸存者介绍合适的资源与服务；了解灾难心理干预工作的重要概念及原则等。

三、志愿者任务分配

突发公共事件现场心理干预总指挥应事先确定哪些工作(例如与救援、心理干预相关及每天例行性工作)可委派给专业志愿者或辅助人员。以下任务可供参考：

(1)文书处理：文字记录、表格收集、数字统计、接电话、联络等。

(2)制作心理健康教育宣传资料：如小手册、海报、喷绘、横幅等。

(3)协助协调当地所有服务人力和后勤人力调派。最好能有以具备处理重大灾难性事件经验的人充当顾问来协调整合。

(4)在安置点和心理服务中心主动接触灾民并提供心理干预服务。

(5)对幸存者和救援人员提供基本的安抚、稳定情绪和心理支持等。

(6)及时将掌握的信息告知灾民，协助其与家属和亲友建立联系。

(7)协助安排团体咨询以及工作人员支持性服务。

(8)巡视救援中心附近的避难所，并为有需要的灾民与工作人员提供帮助。

四、结束与撤离

当灾区的救援工作即将结束，志愿者陆续离开时，应举行一个简单的撤离仪式，即使是需要提前离开而无法参加的志愿者也应有必要的撤离程序。

(1)避难所运行即将结束时安排外来人员为心理卫生工作人员进行分享体验。

(2)树立灾后心理援助、心理健康的相关观念。

(3)对来自当地的志愿者进行必要的培训(培训内容列出)，专业心理救援队撤离后的长期心理服务交给他们。例如，与受灾者接触和交流、使受灾者安全和舒适、帮助受灾者控制和稳定情绪、收集相关信息，制定援助计划、在力所能及的范围内提供实际帮助、帮助受灾者重建社会支持系统、帮助受灾者应对灾后压力、与其他救援服务建立联系。

(4)灾区的工作可促进志愿者的成长，他们可能收获很多，同时也很有压力，甚至危险，而他们的志愿工作没有报酬，回到本职岗位需要面对更多的工作压力。因此，灾难心理救援组织方的感谢与致意十分必要，最好给每一位志愿者一份感谢信；或者给各参与的机构一封感谢信，并标明参与的志愿者的姓名，请他们将副本给每一位志愿者也可以。这封感谢信应来自高级管理者，例如地方心理卫生机构主管、地方行政主管等。

(5)请志愿者提交一份报告，包括自己在救灾中的工作，获得的帮助与成长，心理救援组织工作的情况等。

参考文献

1. 付芳，伍新春，臧伟伟，等．自然灾难后不同阶段的心理干预．华南师范大学学报(社会科学版)，2009，3：115-120
2. 徐玖平，刘雪梅．汶川特大地震灾后社区心理援助的统筹优选模式．管理学报，2009，6(12)：1622-1630.
3. 卫生部疾病预防控制局．灾难心理危机干预培训手册．北京：人民卫生出版社，2008：43-44.
4. 陈雪峰，王日出，刘正奎，等．灾后心理援助的组织与实施．心理科学进展，2009，17(3)：499-504.
5. 王东，鲜于剑波，何梅，等．三次大地震对比分析中国灾难医学应急体系建设．中国急救复苏与灾害医学杂志，2014，9(5)：395-398.
6. 国家突发公共事件总体应急预案．http://www.gov.cn/yjgl/2005-08/07/content_21048.htm.
7. 国家突发公共事件医疗卫生救援应急预案．http://www.gov.cn/yjgl/2006-02/26/content_211628.htm.

8. 国家地震应急预案(2012 年 8 月 28 日修订).http://www.gov.cn/yjgl/2012-09/21/content_2230337.htm.
9. 青岛市卫生系统突发公共事件心理危机应急预案.http://www.qingdao.gov.cn/n172/n24624151/n24627935/n24627949/n24627963/130914205457764456.html.
10. 金华市卫生局突发公共卫生事件心理危机干预应急预案.http://jh.zjzwfw.gov.cn/art/2014/6/17/art_25615_28318.html.
11. 中国心理学会临床与咨询心理学专业机构和专业人员注册标准,http://www.chinacpb.org/a/zhucebiaozhun/.

第三章

突发公共事件现场常见心理疾病救治规范

第一节　突发公共事件现场早期心理急救

世界上会发生多种令人痛苦的危机事件，例如战争，自然灾害，意外事故，火灾和人际暴力（如性暴力）。个人、家庭或整个社区都有可能受到影响。人们可能会失去家园或亲人，可能与家庭和社区分离或目睹暴力、破坏或死亡。

尽管每个人都可能受到这些事件的影响，但是人们对于危机事件的反应和感受是多种多样的。大多数人会不知所措，对发生的事情感到困惑或不了解到底发生了什么。他们会感到恐惧和焦虑，或麻木，整个人处于游离状态。有的人可能会有轻微的反应，而有的人则会有更为严重的反应。这些反应取决于多种因素，包括：

（1）他们所经历的事件的性质及严重程度。

（2）以前曾经历的悲痛事件。

（3）生活中从其他人所得到的支持。

（4）健康状况。

（5）个人及其家族的心理健康问题史。

（6）文化背景和传统。

（7）年龄（如不同年龄组别的孩子反应会有所不同）。

每个人都有能力去帮助他人应对生活的挑战。然而，有些人在危机事件中会显得特别脆弱，他们需要额外的帮助。这包括由于年龄的原因（如小孩和老人）、有精神或身体的残疾、被边缘化或是暴力攻击的目标而处于危险中或需要额外帮助的人群。

一、什么是心理急救

根据环球项目（Sphere，2011）和机构间常设委员会（IASC，2007），心理急救

(Psychological First Aid,PFA)是指对遭受创伤而需要支援的人提供人道性质的支持。PFA包括以下的主题：

(1)在不侵扰的前提下，提供实际的关怀和支持。

(2)评估需求和关注。

(3)协助人们满足基本需求(例如食物，水和信息)。

(4)聆听倾诉，但不强迫交谈。

(5)安慰受助者，帮助他们感到平静。

(6)帮助受助者获得信息，服务和社会支持。

(7)保护受助者免受进一步的伤害。

心理急救并不是只有专业人员才能提供，它也不是专业心理咨询或其替代品，同时，它也不是心理解说，因为它不需要对引起不安的危机事件做详细的讨论，不要求人们分析他们所经历的事，也不要求人们对发生的事件和时间重新整理。尽管心理急救包括倾听受助者倾诉，但并不强迫他们谈其感受和对事件的反应。

心理急救是心理解说的一种替代方式，因为证据表明心理解说效果并不明显。相反的是，心理急救所涉及的因素似乎对于危机事件当事人的长期恢复最有帮助(依据不同的研究结果和许多危难救助者的共识)。具体包括：安全感、与他人的关系、平静和充满希望；获得社会、物质和情感支持以及作为个人和社区，都感觉有能力自助。

二、对何人开展心理急救

心理急救的服务对象是那些近期因严重危机事件而遭受重大创伤的人们，包括儿童和成年人。然而，并不是每个遭受危机事件的人都需要和愿意接受心理急救，不要强行帮助那些不愿意接受帮助的人，而应使自己随时可以为需要帮助的人提供服务。有时，受助者可能需要比心理急救更急切和专业的帮助。在这种情况下，救助人应认清自身能力的局限性并寻求他人的帮助，比如医务人员、专业心理咨询人员、你的同事或在该地区的其他人、地方当局人员或社区和宗教领导人等。下列这些人往往需要优先接受医疗和其他救助以挽救生命。

(1)受到严重、危及生命安全的伤害，需要紧急医疗救治的人。

(2)因过分心烦意乱而不能照顾自己或他们的孩子的人。

(3)有可能会伤害自己的人。

(4)有可能会伤害别人的人。

三、在何时何地开展心理急救

虽然人们在事件发生后很长一段时间仍可能需要长期的帮助和支持，但心理急救旨在帮助那些近期遭受危机事件影响的人们。你可以在初次接触到非常困扰的人们时提供心理急救，通常是在事件发生当中或事件刚刚发生之后。然而，有时也可能是在几天或几周之后，这要根据事件持续的时间和严重程度来决定。

你可以在任何足够安全的地方提供心理急救。比如事故现场的附近或者受难人员收留点，例如医疗中心、避难所或营地、学校和配给食品或其他援助的场所。理想的地点是能够进行私密交谈的地方，因为很多时候私密交谈是保护隐私和尊重个人尊严所必不可少的。

四、如何进行心理急救

1. 良好的沟通 你与困境中的人们沟通的方式是非常重要的。遭遇危机事件的人们通常会感到心烦、焦虑和烦恼。一些人会为危机中发生的事情而自责。保持冷静和表示理解可以帮助困境中的人们感受到更多的安全和保障、理解、尊重以及恰当的关怀。曾经历过痛苦事件的人可能会想要倾诉他们经历的事情，倾听他的讲述会是很大的支持。但重要的是不要勉强任何人去告诉你他们经历过什么。有的人可能不愿谈论发生了什么或是他们的处境，你安静地陪着他们就很好，让他们知道只要他们想说话你就在身边，或者给予他们一些实际的帮助比如拿些食物或是一杯水。不要说太多的话，允许沉默，保持适当的沉默会给人们一些空间，鼓励他们在他们愿意交谈的时候与你分享。

良好的沟通，需要注意彼此沟通时的言辞和肢体语言，比如面部表情，眼神交流，手势，坐姿和站姿。每种文化下都有其独特的、得体的和礼貌的行为举止。言行方式要考虑到对方的文化，年龄，性别，风俗和宗教等方面。

2. 全面准确地了解情况 危机情形通常是混乱的且需要采取紧急行动。在到达需要实施心理急救的地点时，你需要尽可能获知准确的消息，考虑以下问题：

(1)该危机事件发生了什么？

(2)何时何地发生该危机事件？

(3)估计多少人受创？是什么人？

(4)可提供的服务和支持。

(5)哪些人员准备提供基本需求比如紧急医疗，食品，饮用水，避难所和寻找家庭成员？

(6)人们在何地，以何种方式可以获得服务和帮助？

(7)还有哪些人在提供服务？有没有社区成员参与提供服务？

(8)安全和治安的考虑。

(9)危机时间已结束还是仍会继续，比如地震之后的余震或是持续中的冲突？

(10)环境中还有哪些危险，比如叛民，地雷或损坏的基础设施？

(11)有哪些区域因不安全(比如明显破坏)或不许可而不得进入？

这些重要的准备可以帮助你在进入危机现场时了解情况，以便更有效地实施心理急救，也更注意自身安全。

3. 心理急救的行动原则　心理急救的三项基本行动原则是观察、倾听和联系。这些行动原则能指导你安全进入危机现场，更好地察看情形，接近受难者，了解他们的需求，帮助他们联系到实用的信息和帮助。

观察

(1)检查安全。

(2)检查明显急需基本需求的受助者。

(3)检查出现严重困扰反应的人。

倾听

(1)接近需要支援的人们。

(2)询问他们的需求和担忧。

(3)倾听，帮助他们平静心绪。

联系

(1)帮助人们表达需求并获得相关服务。

(2)帮助人们应付问题。

(3)提供信息。

(4)联系亲人和社会方面的帮助。

4. 危机中的表现　人们对于危机的反应各种各样，常常会表现出以下的症状：

(1)生理症状(比如颤抖、头痛、非常疲倦、没有食欲、疼痛)。

(2)哭泣、伤心、抑郁和哀伤。

(3)焦虑、恐惧。

(4)提心吊胆或紧张不安。

(5)担心还会发生更糟的事情。

(6)失眠、做噩梦。

(7)易怒、生气。

(8)内疚、羞愧(比如认为自己存活下来，没能帮助或救助他人)。

(9)混乱的,对感觉麻木,或感觉不真实或发呆。

(10)表现退缩、或僵硬(一动不动)。

(11)不应答他人,一言不发。

(12)失去方向感(比如不知道自己的姓名,来自哪里,发生了什么)。

(13)不能照顾好他们自己或他们的孩子(比如不吃不喝,不能做简单的决定)。

当然,也有些人只是轻微的感到困扰或一点都不感到困扰。

大部分人的上述症状会随着时间的推移逐渐恢复,尤其是当基本需求得到满足并且获得身边人或心理急救的帮助后。然而,受到重创或长时间困扰反应持续的人们需要比心理急救更多的帮助,尤其是那些不能进行日常生活或者会对他们自己或他人构成威胁的人们。千万不要让受到严重困扰的人们独处一地,尽量保证他们的安全,直到他们应激反应消退或可以找到医疗人员,当地负责人或者其他团体成员来帮忙为止。

5. 结束帮助　何时结束以及如何结束帮助取决于危机事件的实际情况、你的角色和处境以及受助者的需要。对当前处境情况下,受助者的需要和你自身的需要做出最佳的判断。在一个恰当的时机,和受助者说你将准备离开,如果有人接替你的工作,尝试将他们介绍给受助者认识。如果你联系了其他服务机构来照顾受助者,应将该信息告知受助者并确认受助者有与该机构的联系方式。无论与受助者相处得怎么样,都应该以一种积极的态度与他们告别并祝愿他们。

6. 注意弱势群体　在危机事件中,儿童和青少年、健康状况不良或残疾群体以及受歧视和暴力威胁的群体是需要额外关注的弱势群体。

很多儿童和青少年在危机事件中显得尤其脆弱。危机事件破坏了他们所熟悉的世界,包括使他们熟悉的人、地方和日常生活。受影响的儿童可遭遇性暴力,虐待和剥削的风险,尤其在大规模混乱的危机情形中更为普遍。幼年儿童特别容易受到伤害,因为他们的基本需求得不到保障,他们不会保护自己,而他们的照顾者也可能会手足无措。儿童对危机中各种艰辛(比如,目睹毁灭、受伤或死亡,食物饮水短缺)的反应取决于他们的年龄和发育阶段,还有他们的照顾者与他们的相处。比如,年幼的儿童可能无法完全明白正在发生着什么,他们尤其需要照顾者的帮助。总的来说,儿童有稳定、冷静的成人在身边能够更好地应对危机。如果照顾者受伤、极度不安、或不能照顾好他们的孩子,你应该安排帮助照顾者并照顾孩子。可能的话联系保护儿童的机构或网络,保证孩子和他们的照顾者在一起,不要让他们分开。比如,如果照顾者被移送到医疗中心,尽量让孩子跟随或者记录照顾者被送往的详细地点,以便他们重聚。同时,应记住危机发生地点周围可能聚集着孩子,即使他们和他们的照顾者没有直接受到事件的影响,但他们可能目击了可怕的景象,危机中的混乱常使成年人因忙碌疏于仔细观察在周围的孩子们在干什么、看到和听到了什么。尽力保护他们,使他们免于令人痛苦的场景和经历的心理打击。

慢性(长期)病患者、身心残障的人群(包括严重精神疾病)或是老年人需要特别帮助从而到达安全地点,获得基本帮助和医疗救助或是照顾他们自己。危机事件的遭遇会让各种健康状况变得更糟糕(比如高血压、心脏病、哮喘、焦虑和其他健康和精神障碍)。孕妇和哺乳中的女性可因危机事件而产生巨大压力,这将会影响她们自身和胎儿的健康。不能自行移动的人们,视力听力障碍的人们在寻找亲人或获取实际服务方面都有困难。你可以为身体状况不佳或是身心障碍的人群做如下事情:帮他们到达安全地点;满足他们的基本需求,比如说食物、净水,关心他们,用机构分发的材料搭建庇护所;询问他们有否身体不良的状况,平时服用的药物,只要有可能,就尽量帮他们找来药物或获得医疗服务;陪着他们或者当你要离开时确保有人协助他们。应考虑联系保护机构或其他相关援助来长期帮助他们;告诉他们怎样联系到可获得的服务。

面临歧视和暴力风险的群体包括妇女、特定种族或宗教群体和患有精神障碍的人群。他们是弱势群体,因为他们可能当提供基本服务时被忽视;当安排急救、服务和去向时被忽视;成为暴力行动的目标,包括性暴力。危机事件中,面临歧视和暴力风险的人们需要特别的保护,确保安全,也需要更多的帮助来获得基本需求和获得实用的服务。关注这些人,并通过下述方法帮助他们:帮助他们找到安全地点;帮助他们联系亲人或其他可信赖的人;提供可获得服务的相关消息,必要时帮助他们直接和援助组织联系。

7. 照顾好你自己和身边的人 你和你的家人可能会直接受到危机事件的影响。即使你没有直接卷入事件,你也会因为提供帮助时的所见所闻而受影响。作为一名施助者,特别关注自己的健康状况很重要。照顾好自己才能给他人最好的关怀!

作为一名施助者,应考虑怎样为在危机现场实施救助而尽可能做最好的准备。只要有可能你都要了解危机情形,弄清不同施助者的角色和职责;应考虑你自身的健康,个人和家庭问题可能会给你带来的巨大压力;认真仔细地衡量自己现在是不是适合做一个救助者而不要仅凭一腔热血就冲上前线。

作为施助者,你可能感觉到对人们的安全和照料负有责任。施助者压力的一个主要来源是每日的工作压力,尤其在危机发生的期间。长时间的工作,沉重的责任,缺少清楚的工作说明,不充足的沟通或管理,不安全的工作区域等工作相关的压力都会影响施助者。你可能会目击甚至直接经历可怕的事情,比如毁坏,受伤,死亡或暴力。你会听到其他人的痛苦的经历,不幸的遭遇。所有这些体验都会影响你和同你一起工作的人。考虑一下怎样可以最好地管理自身压力,帮助同事或者接受同事的帮助。比如你可以回顾一下过去你经历的那些可以让你更坚强的事件;尽量规律地饮食和休息;不要对自己的期望过高等。

如果施助者自己体验到心烦意乱或者关于事件的记忆挥之不去、感到非常紧张或极度悲伤、睡眠困难或过量饮酒和服用药物,从你信任的人那里得到帮助对你很重要。如果这些问题持续超过一个月,寻求医护人员或心理健康专家的帮助。

心理急救一般用于灾难事件刚刚发生或者其后的很短一段时间中,此时受灾者还处于创伤后应激反应中,一般还不会表现出严重的心理和生理问题,因此,早期处理效果比较好。心理急救或者危机干预中还有一些个体和团体干预的技术,比如个体干预中的SAFER模型,团体干预中危机事件应激管理(critical incident stress management,CISM)和危机事件应激晤谈(critical incident stress debriefing,CISD)等技术,因为需要进行专业培训才可以掌握,所以就暂时不收录在本书中了。

第二节 应激相关障碍

一、急性应激障碍

(一) 概述

急性应激障碍(acute stress disorder,ASD),也叫急性应激反应(acute stress reaction)是公共卫生危机事件发生后一种常见的,快速出现的,严重的心理应激反应。是由剧烈的、异乎寻常的精神刺激、生活事件或持续困境的作用下引发的精神障碍。可发生在各年龄期,多见于青壮年,男女发病率无明显差异。有家族精神病遗传史及个人易感素质者,在遭受强烈刺激时,较易发生本病。

患者在受刺激后立即(1h之内)发病,表现有强烈恐惧体验的精神运动性兴奋,行为有一定的盲目性,或者为精神运动性抑制,甚至木僵。如果应激源被消除,症状往往历时短暂,预后良好,缓解完全。急性应激障碍的流行病学研究很少。

在2~3d内(常可在几小时内),如果应激性环境消除,症状迅速缓解,如果应激源持续存在或具不可逆转性,症状一般可在2~3d后开始减轻,通常在一周内可缓解。

(二) 发病机制

由剧烈的、异常的精神刺激或生活事件或持续困境的作用下引发的精神障碍,多数患者发病在时间上与精神刺激有关联,症状的反映与精神刺激的内容有关联,其病程与预后也与及早消除精神因素有关联。

(三)临床特征

患者在遭遇危机事件后,会在很短时间内出现一系列急性症状:

1. 轻度表现 情绪不稳定,易冲动、哭泣、烦躁、发牢骚、睡眠障碍(噩梦或入睡困难)、易受惊、对外界刺激(如声音、运动)过敏、肌肉紧张、发抖、大汗、恶心、尿频、尿急、呼吸困难、心慌胸闷等。短期适应后可缓解。

2. 中度表现 ①情感障碍:焦虑、抑郁、感情淡漠、无反应、紧张、恐惧等;②认知障碍:注意力不集中,理解交流困难、易遗忘;③躯体症状:呼吸深快,恶心,呕吐、腹泻、无食欲,心动过速,心房纤颤,头痛,头晕,痉挛,震颤;④行为异常:被动退缩,离开人群,凝视天空,不和任何人说话,多动和易激惹,耐受力下降,不停地抱怨等。

3. 重度表现 精神分裂样表现,过度亢奋或抑郁,失语,瘫痪,严重记忆受损,自伤,自杀等。

(四)诊断标准

以急剧、严重的精神打击为直接原因。在受刺激后立刻(1h 内)发病。表现有强烈恐惧体验的精神运动性兴奋,行为有一定盲目性;或者为精神运动性抑制,甚至木僵。应激源被消除,症状往往历时短暂,预后良好,缓解完全。

CCMD 3 的诊断标准如下:

【症状标准】以异乎寻常的严重的精神刺激为原因,并至少有下列一项:

有强烈恐惧情绪体验的精神运动性兴奋,行为有一定的盲目性。

有情感迟钝的精神运动性抑制(如反应性木僵),可有轻度意识模糊。

【严重标准】社会功能严重受损。

【病程标准】在受刺激后,若干分钟至若干小时发病,病程短暂,一般持续数小时至 1 周,通常在 1 个月内环节。

【排除标准】排除癔症、器质性精神障碍、非成瘾物质所致精神障碍及抑郁症。

(五)治疗方法

由于本病由强烈的应激性生活事件引起,心理治疗具有重要的意义。首先,是让患者尽快摆脱创伤环境、避免进一步的刺激。在能与患者接触的情况下,建立良好的医患关系,与患者促膝交谈,对患者进行解释性心理治疗和支持性心理治疗可能会取得很好的效果。要帮助患者建立起自我的心理应激应对方式,发挥个人的缓冲作用,避免过大的伤害。

在与患者进行心理会谈时,不要避免和患者讨论应激性事件,而要因人而异,与患者会谈交流事件的经过,包括患者的所见所闻和所作所为。这样的讨论将有助于减少有些患者可能存在的对自身感受的消极评价。

要告诉患者,人们在遭受天灾人祸之后,亲历了伤痛,失去了重要的人或事物，或者目睹了他人的伤亡之后，在身体和心理上都会有一系列的反应。这些反应包括恐慌，忧虑，情绪低落，失眠，频繁做噩梦，有的人会烦躁易怒或心神恍惚，难以集中注意力。但是，这些反应都是人类正常的应激功能。很多人的症状都会有所缓解。虽然很多症状将会持续一段时间，但是不会严重到影响正常工作和生活的地步。要对患者强调指出，在大多数情况下，人们面临紧急意外时，不太可能做得更令人满意。

药物主要是对症治疗的，但在急性期也是采取的措施之一。适当的药物可以较快地缓解患者的抑郁、焦虑、恐惧、失眠等症状，便于心理治疗的开展和奏效。

灾难发生后 24~48h 之间是理想的干预时间，在事件发生后 24h 内不进行心理危机干预。

（六）典型案例

大一女生，三天前因为轻信兼职陷阱，被骗了 6 000 多元。当她最终明白过来自己上当了的时候，去派出所报案，但是警察只是录了一份笔录，就让她回去等消息，没有说后面会怎么处理。甚至还有点儿批评她贪小便宜，没有社会经验，怎么会上这种当。而且告诉她这种被骗的情况，因为已经过了好几天，钱早就被转移走了，被追回的可能性非常小。从派出所回来后，她就出现了情绪崩溃，大哭不止。这几天吃不下饭、睡不着觉，无法正常上课学习。每天都在宿舍哭泣，极度自责，认为是自己笨才会被骗了那么多钱，对不起爸爸妈妈，甚至还出现了轻生的念头。宿舍同学担心她做出傻事，所以陪着她一起来咨询中心求助。

咨询师观察到该女生情绪低落，双眼红肿，意识清楚，仪态整洁，接触良好，答话切题，能叙述事件发生的经过，但语速较缓慢，有些时候会有“出神”的现象。提起被骗的事就痛哭不止，自述脑子忘不了被骗的情境，在宿舍不断拨打骗子已经关机的电话，晚上做噩梦，有时会哭醒。无法上课，也不想吃饭，总想一个人待着。不知道该怎么跟父母讲这件事。想到因为自己无知，给家庭造成这么大的损失，父母肯定也会很生气和失望，出现四肢发抖的情况。该病情已经持续了 3~4 天，没有明显缓解，但也没有明显加重，主要是自己内心持续痛苦、后悔，谈话时情绪低落、哭泣。问及自杀的念头，自述确实想过要去死，但是只是一时的念头而已，并没有具体的想法，也没有去实施，因为觉得自己这样死了太对不起爸妈，将来还得照顾他们，所以不能去死。她的思维联想正常，未发现幻觉、妄想等精神病性症状。

因为该女生的症状由强烈的应激性生活事件引起，起病时间较短，症状还在正常范围之内，对情绪和社会功能有一定的影响，但没有出现精神症状，虽有自杀意念，但不强烈，行为在可控范围之内。故考虑是急性应激障碍的诊断。咨询目标：短期目标是缓解情绪，促进社会功能的恢复；长期目标是让她看到自己的价值，促进其人格完善，能够更有效、更积极地应对生活中可能出现的问题。

对此女生的治疗，首先考虑使用放松技术使她比较激动的情绪稳定下来。其次，帮她消除“我受骗了——所以我笨——所以我是没有价值的人”这个错误的观念。然后，充分动员她的社会支持资源，父母、同学、老师给她支持和帮助，让她度过这段最痛苦的时间。随着时间的推移，情绪会慢慢得到缓解，行为也会恢复正常。

第一次会谈，主要是掌握基本信息，评估其症状严重程度和自杀风险，寻找她可能的社会支持资源。根据访谈的结果，她的症状虽然影响到社会功能，但是是在严重应激事件刺激下发生的，持续时间较短，程度也在正常范围。她的自杀风险不高，她对自己的意识和行为有良好的控制力。虽然她害怕父母责备她而不敢告诉父母此事，但是通过她对自杀这件事的分析可以看出她和父母的关系还是比较亲密和稳固的，如果跟父母进行良好的沟通，父母应该是她的支持性资源。她与舍友和老师关系较好，也可以作为支持资源。在会谈的最后，使用了肌肉的紧张－放松技术和冥想技术来缓解其焦虑的情绪，叮嘱她睡觉前进行练习，以争取获得良好的睡眠。咨询结束后，与其班主任沟通，请她先跟来访者的父母电话沟通一下情况，必要时请他们来学校，协助安抚女儿的情绪。

两天后进行第二次会谈。这次来访者的父母也来到了咨询室。来访者情绪比上次稳定了很多。自述上次咨询结束后，当天下午父母就打来电话，安慰了自己，虽然通话的时候感到很愧疚，但是得到父母的安慰，心里好受了很多。原来一直担心的父母会责怪自己，他们会伤心这些事情也并没有发生。当天晚上虽然入睡还有些困难，但最终睡了 5~6h，而且，没有噩梦出现。第二天也开始去上课，注意力还是没法完全集中，还是会想起被骗的事情，会难过，但已经不会大哭了。总体情况有所好转。今天早晨父母来到学校，当面安慰了她，感到可以信任和依靠父母。父母再次表示了对女儿的支持，并且理解女儿之所以想去做兼职也是为了给他们减轻一些负担，这说明女儿是个非常孝顺的女儿，他们为有这样一个女儿而欣慰。咨询师主要帮助来访者认识到每个人都有年轻、没经验的时候，每个人成长都要付出代价，只不过是以不同的形式，在不同的时间付出的而已。既然每个人都是要付出成长的代价，那么，这就不是因为“笨”，更不会因此而否定一个人的价值。恰恰相反，通过这件事，她和父母都互相发现了身上的爱与支持的价值，使得家庭关系更加亲密，这就是成长的收获。而且，在生活中，我们常常会“担心”某些不好的事情发生，而事实上，这些事情基本上都不会发生，所谓的“后果”，也是我们可以承受的，我们应该有勇气去面对这些问题，而不是逃避。还讨论了如果今后再想起这件事而感到难过应该怎么办。首先应该“接受我因为年轻，经验不足而被人欺骗了这个事实，但是，我已经成长了，将来不会再去轻易相信任何看起来轻易就可以获得的利益，时刻小心这种好事背后的陷阱，遇事一定与家人、朋友和老师多商量”。其次，让这件事翻篇，如果它再出现，就不再去理会它了，不再让自己陷入在为此事的痛苦之中，让自己开始面对新的生活，把时间和精力用在更有意义、更有价值的事情上。第三，参与一些集体活动或体育运动，让自己的生活丰富起来，以得到更好的心态。

第三次咨询是一周之后。她再次来到咨询室已经完全恢复到正常的状态了，情绪很稳定，不再哭泣，甚至有些开心。对自己的生活状态也很满意，她甚至比过去更加努力地学习，要用奖学金来“赚回”自己的损失。想起那件事，心里虽然还有些难受，但是已经可以坦然面对了，还会有些庆幸，幸亏是自己在还没有什么钱的时候遇到这种事情，这样可以避免自己将来遇到更大的损失，因为她在网上看到有人被骗了几千万，觉得自己这点儿损失真不值得太计较。通过这件事，还有了很多收获，意识到宿舍的同学和辅导员老师是那么的关心自己，咨询中心的老师也很能理解和开导自己，自己也比以前想象的要坚强一些，让自己更有信心面对自己大学和将来的生活。

至此，她的症状已经基本消失，她也恢复了正常的社会生活，咨询已经收到了很好的效果，咨询目标已经达到，咨询结束。

二、适应障碍

（一）概述

适应障碍是指在明显的生活改变或环境变化时所产生的短期和轻度的烦恼状态和情绪失调，常有一定程度的行为变化等，能影响到社会功能，但并不出现精神病性症状。本病的发生是对于某一明显的处境变化或应激性生活事件所表现的不适反应，如更换新的工作、新兵入伍、考入大学、移居国外、离退休后或患严重躯体疾病引起的生活适应障碍，其病程往往较长。通常在应激性事件或生活发生改变后起病。表现为烦恼、抑郁等情感障碍，以及适应不良行为和生理功能障碍，并产生个体社会功能受损的一种慢性心因性应激障碍。时过境迁刺激消除或者由于经过调整形成了新的适应，精神障碍随之缓解。典型的生活事件有：居丧、离婚、失业或变换岗位、迁居、转学、患重病、经济危机、退休等，发病往往与生活事件的严重程度、个体的心理素质、心理应对方式、来自家庭和社会的支持等因素有关。任何年龄皆可发病，但多见于成年人。患者中男女两性无明显差异；也有报道在成年人中以女性多见，女男之比约为2∶1。

（二）发病机制

1. 应激源 引起适应障碍的应激源可以是一个，如丧偶；也可以是多个，如事业上的失败和亲人伤亡接踵而来。应激源可以是突然而来，如自然灾难；也可以是较慢的如家庭成员之间关系的不融洽。某些应激源还带有特定的时期，如新婚期，毕业生求职期，离退休后适应新的生活规律等。应激源的严重程度不能预测适应障碍的严重程度，还要看应激源的性质、持续时间的长短、可逆性、处境和个体性格特征等方面的情况。例如面对明显作用的重大应激源，像被扣作人质、遭受恶劣的非人道待遇等，此时情绪或行为方面的障碍则难以避免。还有青少年的脆弱性，对应激源的体验较深但适应能力不强，也是危险因素之一。适应障碍既可以发生在个体，也可发生于集体，如学校、自然灾害人群等。

2. 个性心理特点 在同样的应激源作用下，有的人适应良好有的则适应不良，并不是所有的人都表现适应障碍，这就有理由推断患者病前个性心理特征（即人格）起着不可忽视的作用。例如个体的脆弱性特点，应激源的强度并不很大便有可能引起适应障碍。这种个体不同的脆弱性部分可能与既往生活经验有关。所以，适应障碍发生与否，要同时权衡应激源强度和个性心理特征两方面的因素。

（三）临床特征

本病的发病多在应激性事件发生后1~3个月之内。患者的临床症状变化较大，主要表现为以情绪和行为异常为主；常见焦虑不安、烦恼、抑郁心境、无能力感、胆小害怕、注意力难以集中、惶惑不知所措和易激惹等，还可伴有心慌和震颤等躯体症状，同时可出现适应不良的行为而影响到日常活动。患者可感到有惹人注目的适应不良行为或暴力冲动行为出现的倾向，但事实上很少发生。有时患者发生酒或药物滥用。其他较为严重的症状，如兴趣索然无动力、快感缺失和食欲缺乏等则罕见。有报道指出临床表现与年龄之间有某些联系：在老年人可伴有躯体症状；成年人多见抑郁或焦虑症状；在青少年以品行障碍（即攻击或敌视社会行为）常见；在儿童可表现退化现象，如尿床、幼稚言语或吮拇指等形式。

患者的临床相可有占优势的症状群，也可以混合症状群出现。下列诸类型可供临床工作中参考：

1. 焦虑心境的适应障碍 以神经过敏、心烦心悸紧张不安、激越等为主要症状。有关焦虑性适应障碍的病例报道不多，主要表现为紧张不安、担心害怕、神经过敏、颤抖可伴有心悸、窒息或喘大气后感觉舒服一点，坐立不安、出汗等。

2. 抑郁心境的适应障碍 为成年人较常见的适应障碍主要表现为心境不良、对生活丧失兴趣、自责、绝望感、哭泣，严重时可有自杀行为，但比重度抑郁轻。常伴有睡眠障碍、食欲减退、体重减轻。

3. 品行异常的适应障碍 多见于青少年，主要表现为对他人权利的侵犯或对社会准则和规章的蔑视，品行异常的表现有不履行法律责任，违反社会公德等，如：逃学旷工打架、斗殴，毁坏公物、粗暴、对人无礼貌、乱开汽车、偷窃、离家出走、过早的性行为、打架和饮酒过量等。

4. 情绪和品行混合的适应障碍情绪和品行混合的适应障碍 临床表现既有情绪异常也有品行障碍的表现，对这类患者的诊断要谨慎。

5. 混合型情绪表现的适应障碍 表现为抑郁和焦虑心境及其他情绪异常的混合综合症状。从症状的严重程度来看比重度抑郁和焦虑症为轻，如有些青年入伍或求学从家中离开父母后出现抑郁、矛盾、发怒和明显依赖表现。

6. 未分型的适应障碍 这是不典型的适应障碍。如表现为社会退缩而不伴有焦虑或抑郁心境。

（1）躯体性主诉的适应障碍：主要表现为有躯体主诉，如疲乏、头痛、背痛、食欲缺乏慢性腹泻或其他躯体不适等患者既不找医生诊断也不顺从治疗；体格检查无相应阳性体征，其他检查均正常。

（2）工作抑制的适应障碍：主要表现为突然难以胜任日常工作和学习，工作效率下降，学习成绩不佳，工作学习能力减弱，严重时不能进行日常工作，甚至不能学习或阅读资料，也称为能力减弱型。

（3）退缩型的适应障碍：表现为孤独离群、不参加社会活动、不注意个人卫生、生活无规律，在儿童表现为尿床、幼稚语言或吮拇指等形式。患者一般无焦虑抑郁情绪，也无恐怖症状。

适应障碍症状表现多种多样。起病通常在应激性事件或生活改变发生后1个月之内，除长期的抑郁性反应外，在应激源和困难处境消除后，症状持续时间一般不超过6个月。

（四）诊断标准

适应障碍一种主观痛苦和情感紊乱状态，常妨碍社会功能，在明显的生活改变或应激事件（应激源）的适应期发生，这些改变或事件包括重大的个人发展方面的变化（上学初为人父母、未能达到个人的理想目标退休等），或可能影响个人社会关系完整性的事件（居丧、离别体验），或影响社会支持系统及价值系统的事件（移民或难民状态）。但需指出，个人素质或易感性在发生本症的危险性乃至表现形式方面也起重要作用。本症的表现多种多样包括抑郁焦虑或烦恼，感到对目前处境无从计划、难以坚持处理日常事务。常伴有情感和品行障碍（尤其青少年）病程至少1个月最长不超过6个月。

诊断适应障碍应注意评价以下关系：症状的形式内容、严重度；既往病史和人格特征；应激性事件、处境或生活危机。如果没有应激就不会出现障碍，但是不少精神障碍都可能有应激诱因，所以不能视应激的存在为诊断依据。如果因心境低落就诊，而且出现的反应在个人所在文化中是恰当的，且持续时间不超过6个月，则不诊断适应障碍。确诊主要看临床表现：

（1）有明显的应激源作为诱因特别是生活环境或社会地位的改变，情绪和行为异常多在应激源发生后3个月内出现。

（2）应激源和患者的人格起着同样的作用，即无应激源时，患者一直精神正常，而相同的应激事件其他人都能顺利处理，说明患者的社会适应能力不强。

(3) 情绪障碍为主，有明显的苦恼同时有适应不良行为和生理功能障碍。

(4) 精神障碍妨碍影响社会功能。

(5) 应激源消失后，症状不应持续存在超过 6 个月，长期的抑郁反应也不超过 2 年。

(6) 除外失恋或沮丧引起的情绪异常，这属于正常心理反应。

症状表现不足以诊断其他类型精神障碍。应该注意的是对青少年确诊时要多加考虑和分析。

（五）治疗方法

1. 基本要点

(1) 心理—环境治疗：这是应激相关障碍的主要治疗之一，应尽可能去除精神因素或脱离引起精神创伤的环境，转移或消除应激源。通过疏泄、解释、支持、鼓励指导等，帮助患者摆脱痛苦，认识疾病面对现实，配合治疗提高适应能力。

(2) 药物治疗：对适应障碍的患者药物治疗不必作为首选的方法，但对情绪异常较明显的患者为加快症状的缓解，可根据具体病情酌情选用抗抑郁药或苯二氮䓬类等抗焦虑药。对焦虑、恐惧不安者，可使用抗焦虑药；对抑郁症状突出者，可选用丙米嗪、阿米替林等抗抑郁药；对有妄想幻觉兴奋激动者或出现冲动行为，威胁到自身或他人安危时可给予短期抗精神病药物治疗，如氯丙嗪、氟哌啶醇等，症状消失后可继续服药数周再停药。以低剂量、短疗程为宜。在药物治疗的同时，心理治疗应继续进行，特别是对那些恢复较慢的患者更为有益。

(3) 电痉挛治疗：严重消极自杀企图者或兴奋躁动者可作电痉挛治疗 2~4 次。

(4) 支持治疗：如对不能主动进食或进食量少的患者，应注意补充营养、饮水或输液。

2. 心理治疗 当应激源消失后，而情绪异常仍无明显好转，则需要进行心理治疗。心理治疗除与患者交谈外，更应帮助他们了解如何解决应激性问题，也可让他们进行情绪宣泄，这对改善社会功能有积极作用。对青少年的行为问题，除个别指导外，还要进行家庭治疗，定期进行心理咨询是必要的。

(1) 危机干预：当个体遭到社会心理应激因素的冲击，其心理稳定性受到破坏而出现心理危机时，危机干预就是从心理解决迫在眉睫的危机，使症状得到立即缓冲和持久的消失，使心理功能回到危机前水平，并获得新的应付技能，以预防将来新的危机发生。

(2) 认知行为治疗：应激源消失后患者情绪行为异常仍无明显好转时需要进行认知行为治疗。认知行为治疗通过矫正患者的思想信念和态度，从而达到治疗的目的。认知行为疗法可分 3 个步骤：①找出与不良行为有关的错误认识；②寻找证据论证这一认知的错误；③分析错误认知的根源，帮助患者重建认知。以转变价值观为主要目的的认知心理治疗在减缓应激与防治相关疾病方面具有治本的效果。转变价值观的正确途径是使个人的价值观更加接近客观实际更好适应社会生活。总之对于完美主义以偏概全的思维方式以及在这基础上形成的价值观,必须通过心理治疗予以矫正。

(3)支持性心理治疗:当应激源停止后支持性心理治疗是最常用的一种,这对适应不良的行为和改善社会功能有积极的作用。

(六)典型案例

来访者,女,41岁,四川省什邡市人,已婚,有一个上高二的儿子,某超市行政人员。因严重失眠2个月,在家人陪同下来医院心理科就诊。

经过摄入性会谈,治疗师了解到,在5·12大地震发生以后,由于患者自家的房屋成为危房,无法居住,只能暂时借住在姐姐家。姐姐家房屋并不大,所以他们三口只能挤在客卧。自家房屋问题无法短时间解决,而政府的安置能力有限,虽然给予了一部分物资和经济的补偿,单位也给了一些特殊补贴,但是寄人篱下的日子让她感到非常痛苦,总想搬回自己家。同时,因为受到地震和余震的惊吓,她总是感觉会有地震发生,整晚睡不着觉,稍有风吹草动就会把全家人从床上拉起来跑到楼下,以至于最后要求自己一个人在楼下的空地支帐篷睡觉。即便是在帐篷里,她也无法入睡,每天睡眠极少。睡眠问题进一步影响到情绪,开始出现焦虑、烦躁、易怒的情绪。回避任何电视或者媒体上关于地震的消息,看到房屋倒塌或者听到有人受伤的消息就非常恐惧。特别想回原来的家,多次走回原来居住的楼房下面,默默地一个人哭泣。由于睡眠不好,精神状态很差,无心工作,在工作单位经常叹气,哭泣,认为自己太倒霉,别人的房子都好着,只有她自己的家不能回去。渐渐地回避跟单位的同事相处,也拒绝别人的关心。由于情况特殊,单位领导批准她3个月带薪病假。尽管在家休假,但精神状态还是很差,严重失眠,情绪低落,常常跟家里人抱怨,发脾气,甚至影响到姐姐家的家庭氛围。家里人认为她有了心理问题,遂带她来心理科求诊。

治疗师认为:患者的心理和行为问题有明显的诱发因素,导致她的生活发生了重大的变故,持续超过1个月,已经影响到她的社会功能。但无幻觉妄想等精神症状,情绪和行为反应也基本在合理的范围之内,所以考虑适应障碍的诊断。治疗方案考虑先使用苯二氮䓬类药物缓解其焦虑情绪,改善其睡眠状况,再使用心理治疗改善其心理和行为问题。给予阿普唑仑每日半片到1片,根据效果适当增减药量。同时让来访者在心理科门诊接受CBT治疗,12次为一个疗程。

治疗过程:

前两次治疗为评估和建立关系阶段。在此阶段,主要是倾听患者倾诉,评估社会功能,帮助患者认识到并不是生活事件本身,而是自己对生活事件的悲观解释和不良反应使得自己陷入了困境之中。让患者学会对自己的情绪和行为问题负责。

第3~10次治疗主要是缓解她的焦虑以及寻找资源和重建认知行为模式。首先通过放松术使得患者体验到自己平时的焦虑和获得放松以后的平静与快乐。嘱咐其每天练习3~4次放松术，也可以通过瑜伽等方式既锻炼身体，又放松心情，以利于缓解焦虑，改善睡眠。

其次，促进患者领悟到，即便是在现在的环境中，身边还是有很多重要的人和事是功能完好的。自己还有家人、还有工作，还有朋友，这些重要的资源都没有损失，反而还得到了更多他们的关心和帮助。比如所有爱自己的人都在，而且，甚至比以前更关心照顾自己。过去跟亲戚往来不多，现在有了更多的交流和理解的机会。自己觉得给姐姐家添了很多麻烦，但是姐姐、姐夫对自己家人照顾有加，甚至两家的孩子都能在一起学习看书，体会到了大家庭的温暖。在自己情绪不稳定，乱发脾气的时候，全家人都对自己保持了包容和忍耐，这说明家人还是非常非常爱自己的。单位的领导和同事也能主动地关心自己的状况，甚至已经联系了与单位有合作关系的宾馆能用极低的价格提供房间让自己进行过渡。

第三，虽然因为地震，给自己的家庭造成了一定的损失，但是，总体来说损失并不是很大，主要是一些电器损坏，但是政府、企业都给了特殊的补助，甚至连电器厂商也很有诚意地推出了低价维修或者以旧换新的活动，大大降低了自己的损失。政府也在积极安排她们所在危楼的住户的登记、安置、过渡、回迁等工作，这些事情肯定最终都能合理地解决。

第四，促使她在睡眠改善之后，逐渐回归到家庭和社会之中，开始承担自己作为母亲和妻子的角色，承担作为员工的职业角色。学会主动与别人合理地表达自己的情绪，珍惜那些关心自己的人。

经过几次治疗，患者睡眠质量有明显的改善，每天都可以睡6~7h，虽然有些时候有些噩梦，但是总体来说已经可以获得比较好的休息了。认知上也已经达到了一些领悟，理解并接受了“只要人在，其他都是小事”，开始回归到家庭和工作中，在第七次治疗之后，已经回单位上班了。

第11和12次治疗主要是巩固、总结阶段。了解到她的情绪已经基本稳定了，也住进了单位联系好的酒店。她们会经常去姐姐家吃饭，她还会主动下厨做饭，两家的关系更加亲密了。睡眠问题已经完全解决，已经不需要借助药物就可以很好地入睡，整个人都恢复到了之前的状态，现在只等着将来回迁到自己的房子中就完全没有问题了。

至此，治疗结束。

三、创伤后应激障碍

（一）概述

创伤后应激障碍（post traumatic stress disorder，PTSD）是一种应激障碍，经历

过创伤性事件的幸存者身上同时表现出再体验、回避和高度警觉三种症状，并且持续时间在1个月以上，就被定义为创伤后应激障碍。

流行病学研究表明大部分人在一生中都可能经历至少一次突发创伤性事件。自然灾害，如地震、飓风、洪水、龙卷风，在大范围内引起创伤性应激。这些创伤性体验还包括暴力，尤其是发生于战争和自然灾害之外的人与人之间的暴力。

遭遇创伤还与年龄和其他很多环境危险因素有关，例如社会剥削、教育水平、居住环境、个性特质、童年行为问题、家族精神疾病和物质依赖问题史，以及已经患有抑郁症。流行病学研究也表明危险因素是儿童创伤性经历的最主要原因。有一些显而易见的与儿童虐待有关的危险因素，包括年龄小、女性、以及环境变量如儿童的社会孤立、家庭中的物质滥用和情绪问题。儿童虐待遭遇的可能性也随着这些危险因素的增多而增加。

流行病学研究的意义在很大程度上依赖于为发展适当的干预和公共预案提供数据支持，PTSD是一个重要的持续性的公共健康问题。尽管多种类型的极端事件都可能导致PTSD（如遭遇搏斗，犯罪中成为受害者，自然灾难），但并非所有遭遇这些事件的人都会产生应激障碍。有证据表明遭遇创伤性事件的可能性远远超出人们通常所意外的，而产生PTSD的危险因素包括在极端事件发生之时个人经验，事件本身的特点，以及创伤后整体环境的特性。

（二）发病机制

1. 易感因素 流行病学研究是关于PTSD危险因素方面信息的经验性来源，所谓易感因素是指研究者们认为与个体出现这种障碍的可能性有关的一些变量。大量的研究在社会样本和遭遇过创伤性应激源的群体中考察了危险因素和对PTSD的预测。一般认为，PTSD可能的危险因素包括女性、以往曾经遭遇过创伤（如童年受虐待）、有过神经系统疾病以及已经患有焦虑症或者抑郁症。

2. 发病机制 迄今为止，大量的研究一致证实存在一个PTSD模型，该模型认为除了创伤性事件本身的性质和特点之外，创伤前和创伤性遭遇之后的危险因素以及自我保护性因素（可能包括生物的、心理的和社会文化的）都会发生重要影响，不过有关各种因素的特定影响，以及发生影响的具体方式等还有待于以后更深入的研究（图3-1）。

创伤后应激障碍的特定症状可以被非常清晰地描述出来。但其原因何在，则还有待探索。新近的一些研究，尤其神经生理方面的研究进展，对我们了解PTSD的发病有很大的帮助。简言之，在严重心理创伤患者发生以后，受害人两侧大脑半球的重要区域的功能会出现脱节：

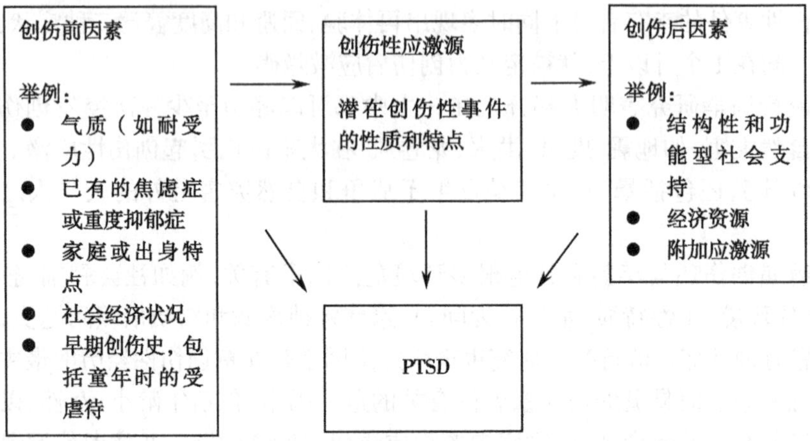

图3-1 创伤后应激障碍发病机制

左半球的主要功能是在于对信息进行分析、联想、分类，主要通过词语、符号进行操作。而右半球则主要负责对来自杏仁体周围核团的非言语性、整体的、动力性的信息进行处理，例如恐惧等情绪信号。总的说来，左半球略受抑制，而右半球略占优势。

对于创伤受害人来讲，由于对创伤经历的回忆常常会伴随情绪的负担，因此回忆的时序性很差（比如患者常常会说："简直就像刚刚才发生的一样"），并且常常在紧随创伤之后会出现失语。此时，信息处理的过程被"卡住"，相关的信息滞留在大脑的某些区域，并常常在随后的几年甚至几十年里持续引发痛苦和症状，而不是一般情形下，能够"吃一堑，长一智"。

3. 致病因素 创伤后应激障碍是由应激性事件或处境而引起的，包括自然灾害和人为灾害，如战争、严重事故、目睹他人惨死、身受酷刑、恐怖活动受害者、被强奸等。如果有诱发因素存在，有人格异常或神经症病史，则可降低对应激源的防御力或加重疾病过程。

（三）临床特征

创伤后应激障碍表现为在重大创伤性事件后出现一系列特征性症状。

1. 反复重现创伤性体验 患者以各种形式重新体验创伤性事件，有驱之不去的闯入性回忆，梦中反复再现创伤情景，痛苦梦境，即对应激性事件重演的生动体验，反复出现创伤性梦境或噩梦，反复重现创伤性体验；有时患者出现意识分离状态，持续时间可从数秒到几天不等，称为闪回（flash back）。此时患者仿佛又完全身临创伤性事件发生时的情境，重新表现出事件发生时所伴发的各种情感。患者面临、接触与创伤事件相关联或类似的事件、情景或其他线索时，通常出现强烈的心理痛苦和生理反应，如事件发生的周年纪念日、相近的天气及各种相似场景因素都可能促发患者的心理与生理反应。

2. 持续性回避 在创伤事件后患者对创伤相关的刺激存在持续的回避。回避的对象包括具体的场景与情境，有关的想法、感受及话题，患者不愿提及有关事件，避免有关的交谈，在创伤性事件后的媒体访谈及涉及法律程序的取证过程往往给当事人带来极大的痛苦。对创伤性事件的某些重要方面失去记忆也被视为回避的表现之一。回避的同时还有"心理麻木"或"情感麻痹"的表现，患者在整体上给人以木讷淡然的感觉，自觉对任何事情没有兴趣，对过去热衷的活动同样兴趣索然，感到与外界疏远隔离，甚至格格不入，不与他人接触；对周围环境无任何反应；快感缺失；回避对既往创伤处境活动的回忆，害怕和避免想起遭受创伤的心情也较常见。似乎对什么都无动于衷，难以表达与感受各种细腻的情感对未来心灰意冷，听天由命，严重时万念俱灰，以致发生消极念头，有自杀企图。

3. 持续性焦虑和警觉水平增高 表现为自发性高度警觉状态，如难以入睡、也不安枕，易受惊吓，做事无从专心等，并常有自主神经症状，如心慌、气短等。

（四）诊断标准

根据 DSM-V 的标准，PTSD 需要符合以下条件：

1. 说一个人被暴露于一个创伤性事件，应该包含以下两点：

(1)一个人经历了、见证了或遇到了一个或多个确实或者可能给他自己或别人造成死亡或严重伤害的事件。

(2)这个人的反应有着强烈的恐惧、绝望或惊骇。

2. 这个创伤性事件被以下一种或多种方式持续地再体验：

(1)对创伤性事件有着重复的、闯入性的痛苦回忆，包括图像、想法和感觉。

(2)重复地梦见这个事件。

(3)表现得或感觉到创伤性事件又发现了。

(4)在暴露于象征或类似于创伤性事件某方面的内部或外部线索时，有着强烈的心理压力。

(5)在暴露于象征或类似于创伤性事件某方面的内部或外部线索时，有生理反应。

3. 回避与创伤有关的刺激或对一般反应表现得麻木(这些回避或麻木在这次创伤事件之前是没有的)，至少有以下三种或更多表现：

(1)试图回避与创伤有关的想法、感觉和对话。

(2)试图回避可能唤起对创伤事件回忆的活动、地点或人物。

(3)不想回想起创伤性事件的一个重要方面。

(4)对重要活动或参与重要活动失去了兴趣。

(5)感觉到与别人的分离和疏远。

(6)情感受限(例如,不再有“爱”的感受)。

(7)无短期的未来计划(如没想过职业、婚姻、孩子或正常生活)。

4. 持续的警觉增强(创伤性事件之前没有该表现),有如下的两个或更多的表现:

(1)入睡困难或容易惊醒。

(2)易怒。

(3)难以集中注意力。

(4)精力旺盛。

(5)夸张的震惊反应。

5. (症状 2,3,4)持续时间大于 1 个月。

6. 在社交或其他重要的功能领域引起了临床上明显的痛苦或伤害。

(五) PTSD 的心理治疗

PTSD 的治疗需要运用综合方案,不仅仅在于心理治疗,而且需要结合药物治疗,调整家庭、社会支持系统,对于正在接受医疗救治的患者来讲,还需要进行相关医疗人员的护理培训。从系统的角度设置治疗方案。本节仅仅讨论心理治疗部分。

对于急性创伤后应激障碍主要采用危机干预的原则与技术,侧重于提供支持,帮助患者接受所面临的不幸与自身的反应,鼓励患者面对事件,表达、宣泄与创伤性事件相伴随的情感。治疗者要帮助患者认识其所具有的应对资源,并同时学习新的应对方式。治疗中不仅要注意创伤后应激障碍的症状,还要识别与处理好其他并存的情绪,如:相当比例创伤性事件的幸存者有强烈的内疚与自责。及时治疗对良好的预后具有重要意义。

慢性和迟发性创伤后应激障碍治疗中除采用特殊的心理治疗技术外,为患者及其亲友提供有关创伤后应激障碍及其治疗的知识也很重要,还需要注意动员患者家属及其他社会关系的力量,强化社会支持。

(六) 治疗案例

1. 一般资料 丁丁(化名),女,7 岁半,四川省绵竹市人。小学二年级学生。2008 年 5 月 12 日在校期间遭遇地震,被坍塌的校舍掩埋,3 小时后被父亲救出,当时右臂骨折。老师和全班 26 名同学遇难(共 35 人),失去了最好的伙伴和最喜欢的老师。受到严重惊吓,住院 1 个月治疗骨折时,沉默寡言。

地震后 1 个月,出现了头部不自觉的战栗的现象,并在 3 个月内逐步加重。严重时手臂和上身也出现惊跳,嘴唇抖动,不由自主发声。

2008 年 10 月 1 日到中科院心理所绵竹工作站求诊。来就诊时,神态谨慎、胆小。只能腼腆微笑。回答问题时过于害羞,躲在妈妈身后。反应能力正常,自我认知正常。身体略有点僵硬,肩膀和脖子都呈微微收缩状,手臂略为僵硬,自然垂手时,手指无法伸直。

2. 诊断和评估

(1)心理状态评估:根据以上资料收集,该个案因为地震中身体受伤,精神上受到严重惊吓以及丧失了老师和同学,而导致应激障碍问题,表现为躯体化反应,疑似创伤后应激障碍(PTSD)。

为排除脑损伤可能以及躯体器质性问题,建议父母带孩子进行脑电图检查和体检。并详细询问了母亲的怀孕史和生产史、及其间的用药史,未见异常。询问了个案骨折后的住院药物使用情况,特别是麻醉止疼药物的使用情况,未见异常。

经绵竹市人民医院脑电图/脑电地形图报告显示:在清醒意识状态下 REEG 指标正常,基线欠稳;诱发试验无特殊。排除癫痫、脑器质性损伤可能。

(2)评估诊断依据:个案经受了异乎寻常的地震,并被埋受伤。丧失了熟悉的老师和同学。

有以下几方面典型症状:

A:闪回

个案有记忆不清的噩梦;

有下意识地情景再现。

B:回避

个案表现出了对地震和丧失的谈话的反感和不安;

不愿意和别人谈论事件发生的经过以及自己的感受。

C:应激增加

个案表现出退行,依赖性增加,自主性下降;

易激惹。很小的事情就乱发脾气,不能自控。

睡眠问题。

D:躯体化反应

(3)鉴别诊断:

急性应激障碍:本案例就诊时间离创伤事件发生已经超过 1 个月。其他症状相似。

灾难事件后人格改变:灾难事件后时间超过两年,可考虑人格改变。本案例时间不符合。

适应障碍:应激源强度应该更低。症状反应不同。

强迫障碍:从流行病学角度上,强迫障碍应该是在 20~35 岁之间;有心理冲突,有强迫观念和强迫动作。主观痛苦。本案例不符合。

抽动秽语综合征:多种运动和发音的抽动,至少持续一年,导致痛苦和功能受损。面部抽动是首发症状；语言抽动包括无意义的发音、清楚的词汇和秽语。抽动症状不断变化，发病后几年出现更复杂的症状。症状轻重和躯体及情绪应激有关。无报告呈现睡眠障碍、主观情绪痛苦和回避行为。本案例中，躯体化症状事出有因，不能够凭借症状而忽略病因。脑电图检查未报告类似问题。

3. 咨询目标的确定 ①短期目标：明确诊断；安全和稳定化，帮助个案监护人，发挥良好的社会支持系统作用。②长期目标：重返创伤前的功能水平；降低长期心理隐患的风险；能够接受为适应创伤而设的心理支持和社会支持；以健康适当的方式接纳创伤。

4. 咨询过程 通过认知行为疗法；精神动力学方法进行心理治疗。

咨询过程包括：建立咨询关系、诊断和评估阶段；心理治疗阶段；巩固阶段。

(1)诊断评估与咨询管理建立阶段(第1、2次咨询)：和个案家庭建立良好咨询关系。了解基本情况以及当前基本问题。明确心理咨询工作范畴和双方责、权、利。共同商榷制定治疗方案。和个案建立信任关系；和个案进行交谈，了解基本学习、生活情况；由助理陪伴个案进行拼图游戏，以便观察其思维、情感和行为，并建立起基本的认同；建议父母为个案做全面的脑电图诊断，排除癫痫、脑外伤以及其他有可能的脑损伤隐患。赠送蜡笔，布置“作业”：让个案每天画一幅图画。以绘画的形式帮助个案做好稳定化。并试图为进一步的咨询积累资料，帮助咨询师判断个案对创伤的态度，是否有回忆和再现的表达。

第二次进行了沙盘游戏治疗，了解和评估患者状况。

(2)心理治疗阶段(3~8次)：和个案一起欣赏和讨论“作业”，让个案感受到自我效能感。用儿童沙盘游戏治疗的方法，陪伴个案建设了6沙盘，并进行观察和记录。布置“作业”：继续每天一幅画，内容自定。个案家庭的帮助：对于个案母亲的咨询，倾听其对于灾后现实问题和情感问题的倾诉，接纳其宣泄。允许其表达无助感和悲痛，并予以支持，对其提出的家庭关系问题另案分析，表达了咨询师的理解和接纳，帮助其建立信心。

在沙盘游戏的基础上，针对个案提到的“伙伴”主题，鼓励个案谈谈自己的小伙伴是谁，周围还有哪些同学可以成为小伙伴？以及可以和伙伴们做什么游戏，寻找资源。

在第五次沙盘中，个案表现出了烦躁不安。对游戏的规则有所抗拒。内容呈现出了创伤主题。因为母亲不小心用手扶了倒掉的玩具，个案当场大发脾气，痛哭流涕，表现得十分伤心。和个案探讨，为什么会发脾气，为何对这个玩具非常在意。个案不肯回答，说难受。于是把个案抱在怀里，她在痛哭抽噎的过程中，出现了摇头，肩膀和上臂痉挛的现象。用“蝴蝶拍”的方式拍打她的肩膀和后背，直到抽噎渐渐停止。她不肯讲细节，但坚持完成沙盘。这时，允许和接纳个案全部的表达方式，和个案母亲探讨，请她不必抱歉孩子的举动，孩子所有的举止都是正常的。

在后续的咨询中，开始和个案讨论沙盘中的创伤内容，试图处理创伤。

问：为什么每次都要把人物的脚埋在沙子里？

答：不稳。

问：它们被埋在沙子里的感觉怎么样？

她不回答。

问：它（一个在沙子里半埋的玩具）想说什么？

答：什么都不想说。

问：那么它在干什么？

答：爬出来。

问：那么我们帮助它爬出来好吗？

她点点头。咨询师鼓励她用手一点点扒开沙子，让玩具慢慢露出来。并鼓励她拿起玩具抖掉上面的沙土。一边抖，一边说：好，抖掉了，抖掉了，好多土都给抖掉了。让她跟着重复，并和咨询师一起模仿抖掉沙土的动作。

她开始有点犹豫，看妈妈。于是咨询师邀请母亲和咨询助理一起做出抖掉沙土的动作，并故意用舞蹈和夸张滑稽的动作来左右摇摆抖动。

和母亲、助理一起讨论刚才的“舞蹈”。让大家表达了对抖动的看法。每个人都给予积极中性的评价。让个案意识到抖动不是什么不好的事情，消除之前对于自己症状的羞怯和自卑感。接纳自己出现症状的客观现实。

在第七个沙盘中，出乎治疗师意外的是，在这个沙盘中，个案没有表现创伤主题，而是，出现了大量的“重生”的主题。在沙盘边框顶端，出现了月亮、星辰、还有一行行飞过的白鹤。鹤群摆放的位置在沙盘的上方，代表精神层面的位置，生命迹象明确。和前几次不同的是，沙盘中有了河流、河流中有鱼虾出现。

于是对沙盘的新主题做出讨论：

问：这是什么？

答：白鹤。

问：这么多白鹤在干什么呢？

答：飞过去，耍子去。

问：他们要去哪里耍？

答：山的后面。

问：这是什么？

个案沉默，并嘿嘿笑了。在沙盘的左上角，个案腾出一些玩具，摆放了大量的水晶石和水果，构成了一个“祭奠”的主题。她沉思片刻，回答：给白鹤吃的。

这个主题似乎暗示了个案向过去的告别。用祭奠主题来向丧失的老师和同学告别，或者和她自己的创伤经历告别。

在后面的讨论中，她又说，那些白鹤都是给“他们”跳舞的。“他们”是谁，她没有说。她说，成千上万只白鹤，都给“他们”跳舞，“他们”饿了，还有水果吃，在石头边歇歇。

邀请个案母亲一起参观沙盘，和个案分享沙盘中的故事。旨在鼓励表达，不做出任何好坏的评价。和个案母亲讨论本次沙盘的意义。母亲流泪了，说看懂了女儿的表达。这是她在震后第一次表达出对老师同学的悼念。之前要么表现得格外冷漠，要么就回避和拒绝讨论。她表示习得了和女儿交流的方法。

经过前述的治疗，个案的情况基本好转，利用了一次治疗机会讨论了结束治疗的可能性。并且与个案所在学校的心理援助志愿者老师取得联系，协商确定了之后让个案去咨询室帮忙的口头协定。为使其能够恢复创伤之前的社会功能和情感模式。

(3)巩固阶段(9、10次)：又做了两次沙盘治疗。第九次沙盘中呈现出的主题和前次沙盘类似。有重生主题。同样出现了白鹤和水晶石。本次沙盘的“水域”扩大，并出现了小鱼。有心理复原力建立的表现。

一般认为，同样主题的沙盘出现3次就可以视为痊愈。但考虑到时间问题，还有孩子的发展空间的可能性问题等，不过早下结论。

和个案母亲讨论个案这两周以来的进步。对个案已经不再随意发脾气表示认可，对个案积极参与学校的心理活动表示赞赏。也了解到个案在过去的两周中摇头和上身战栗问题几乎没有再发生。主观观察到个案比第一次咨询时活泼大方了很多，身体姿态柔软了，也爱笑了。告知个案，沙盘游戏到下次就要暂时结束了。

第十次治疗的目标是处理好分离情绪，结束咨询。这次治疗中，咨询师和个案一起欣赏她的画，表达感谢，并赠送礼物给个案。做好分离准备，完成个案本次咨询的最后一个沙盘。本次沙盘呈现出的主题和上次相类似，可以视为治疗有效。让个案和沙盘合影，和咨询师合影留念，承诺给个案照片，结束咨询。并给个案留下当地咨询师的联系方式，便于之后能够在需要时得到有效的心理援助。

5. 咨询效果评估

(1)个案主观评价：喜欢沙盘，喜欢咨询师，盼望着每周六下午来到工作站玩沙盘。

(2)个案母亲评价：摇头、战栗、不自主发声等躯体化症状在咨询过程中逐步减少，到偶尔并很轻微；开朗了很多，脾气好多了，不再随意乱发脾气。也极少大哭；愿意去学校，喜欢心理志愿者老师。主动大方地帮助老师和同学的时候多了；11月底的时候，第一次跟妈妈说：“其实我很想地震被砸死的老师和同学。”能够顺利表达悲伤。

(3)咨询师评估:创伤的躯体化症状大大减轻;社会功能恢复;能够流畅对创伤引起的情绪进行加工,正常表达悲伤。咨询成功结束。

第三节 精神与行为障碍

一、焦虑障碍

(一)概论

焦虑症以广泛和持续性焦虑或反复发作的惊恐不安为主要特征,预感到似乎要发生某种难以对付的危险,常伴有自主神经紊乱的头晕、心悸、胸闷、呼吸急促、出汗、口干、肌肉紧张等症状和运动性不安,临床分为广泛性焦虑障碍与惊恐障碍两种主要形式。患者的焦虑并非由实际存在的威胁所引起,而是一种没有明确危险目标和具体内容的恐惧。

在女性中,惊恐障碍的终身患病率为4.8%,是男性的2~3倍。起病年龄呈双峰模式,第一个高峰出现于青少年晚期或者成年早期,第二个高峰出现在45~54岁。广泛性焦虑障碍终身患病率约为4.1%~6.6%,在普通人群中年患病率在1.9%~5.1%,45~55岁年龄组比例最高,女性患者是男性的两倍,常为慢性病程。

(二)发病机制

1. 遗传 据统计,单卵双生子一致性患病率为50%,双卵双生子仅为5%;临床统计发现,焦虑症患者的父母和兄弟姐妹常有焦虑症状和焦虑人格,家庭发病率为15%,远高于一般人群中5%的发病率。

2. 神经生物学 交感神经功能亢进说认为焦虑发作的症状,如心悸、胸闷、出汗、头晕等主要为交感神经功能亢进的症状。焦虑症患者尿中儿茶酚胺排出量增加,用阻断交感神经β受体功能的普萘洛尔可有显著的抗焦虑效果,并能消除躯体症状。临床观察发现,增强脑内5-HT递质活性的药物抗焦虑有效,从而验证5-HT能神经活动障碍说。另外,脑内DA能神经系统活化说认为DA2被认为是激活脑精神活动的总开关。当DA2活化时则各种心理活动活化,出现焦虑、恐惧、妄想、幻觉、兴奋、躁动等。

3. 心理社会相关因素

(1)行为主义理论认为:焦虑是对某些环境刺激的恐惧而形成的一种条件反射,焦虑是一种习得性行为,起源于人们对刺激的惧怕反应,由于焦虑刺激和中性刺激之间建立了条件联系,条件刺激泛化形成焦虑症。

(2)认知学派认为:人们对事件的认知评价是焦虑症发生的中介。对情境做出过度危险的评价来源于个体的童年时期潜意识学习的内隐学习而固着的内隐认知、不合理信念、错误思维方法、错误理解、警觉过度、重复检查和回避行为等。而应对失败更加重了对情境过度危险的认知评价，加剧焦虑症，形成恶性循环。

(3)心理动力学理论认为：焦虑源于内在的心理冲突，是童年或少年期被压抑在潜意识中的冲突在成年后被激活，成为意识层面的焦虑。在临床上，一些焦虑障碍的患者病前有应激性生活事件，特别是威胁性事件更易导致焦虑发作。近来的研究显示，童年时期发展的不安全的依恋关系、对照料者的矛盾情感、父母的过度保护、被虐待和威胁、与养育者过分分离均可能是焦虑产生的原因。

对创伤后应激研究显示，个体在经历了威胁性、灾难性心理创伤如战争、地震、被抢劫后，通常会出现焦虑谱系的症状，表现出闯入性再体验、持续性警觉性增高、回避可能产生焦虑、恐惧情绪的相关情境等行为，并将持续较长时间，甚至终身。个体在灾害或威胁性事件中产生的对情境的认知在未来对事件进行评价时造成影响，从而导致焦虑的持续存在。

（三）临床特征

1. 惊恐障碍

(1)惊恐发作：患者在无特殊的恐惧性处境时，突然感到一种突如其来的紧张、害怕、恐惧感，甚至出现惊恐，此时患者伴有濒死感、失控感，大难临头感；患者肌肉紧张，坐立不安，全身发抖或全身无力；常常有严重的自主神经功能紊乱症状，如出汗、胸闷、呼吸困难或过度换气、心动过速、心律不齐、头痛头昏、四肢麻木和感觉异常等，部分患者可有人格或现实解体。惊恐发作通常起病急骤，终止迅速，一般历时数分钟到数十分钟，但不久可突然再发。发作期间始终意识清晰。

(2)预期焦虑：患者在发作后的间歇期仍心有余悸，担心再发，不过此时焦虑的体验不再突出，而代之以虚弱无力，需要数小时到数天才能恢复。

(3)回避行为：60%患者对再次发作有持续性的焦虑和关注，害怕发作产生不幸后果，并出现与发作相关的行为改变，如回避工作和学习场所等。部分患者置身于某些地方或处境可能会诱发惊恐发作，这些地方或处境使患者感到一旦惊恐发作，则不易逃生或找不到帮助，如独自离家、排队、过桥或乘坐交通工具等，称为广场恐惧症，因此在诊断分类中，惊恐障碍又被分为伴有广场恐惧症、不伴有广场恐惧症。

2. 广泛性焦虑障碍

(1)精神性焦虑：精神上的过度担心是焦虑症状的核心。表现为对未来可能发生的、难以预料的某种危险或不幸事件的持续性担忧。有的患者不能明确意识到他担心的对象或内容，而只是一种提心吊胆、惶恐不安的强烈内心体验，成为自由浮动性焦虑。有的患者担心也许是现实生活中可能将会发生的事情，但其担心、焦虑和烦恼的程度与现实很不相称，称为预期焦虑。警觉性增高可表现为对外界刺激敏感，易于出现惊跳反应；注意力难以集中，易受干扰；难以入睡、睡中易惊醒；情绪易激惹等。

(2)躯体性焦虑：表现为运动性不安和肌肉紧张。运动性不安可表现搓手顿足，不能静坐，无目的的小动作增加。肌肉紧张表现为主观上的一组或多组肌肉不舒服的紧张感，严重时有肌肉酸痛，多见于胸部、颈部及肩背部肌肉，紧张性头痛也很常见，有的患者可出现肢体的震颤，甚至语音发抖。

(3)自主神经功能紊乱：表现为心动过速、胸闷气短、头晕头痛、皮肤潮红、出汗或苍白、口感、吞咽梗阻感、胃部不适、恶心、腹痛腹胀、便秘或腹泻、尿频等症状。有的患者可出现早泄、勃起功能障碍、月经紊乱、性欲缺乏等症状。

(4)其他症状：广泛性焦虑障碍患者常合并疲劳、抑郁、强迫、恐惧、惊恐发作、人格解体等症状，但这些症状常不是主要的疾病临床征相。

(四)诊断标准

根据《中国精神障碍分类与诊断标准》(第三版)，诊断标准如下：

1. 惊恐障碍

(1)符合神经症的诊断标准。

(2)惊恐发作需要符合以下4项：①发作无明显诱因、无相关的特定情境，发作不可预测；②在发作间歇期，除害怕再发作外，无明显症状；③发作时表现强烈的恐惧、焦虑及明显的自主神经症状，并常有人格解体、现实解体、濒死恐惧，或失控感等痛苦体验；④发作突然开始，迅速达到高峰，发作时意识清晰，事后不能回忆。

在1个月内至少三次惊恐发作，或在首次发作后继发害怕再发作的焦虑持续1个月。

2. 广泛性焦虑障碍

(1)符合神经症的诊断标准。

(2)以持续的原发性焦虑症状为主，并符合下列两项：①经常或持续的无明确对象和固定内容的恐惧或提心吊胆；②伴自主神经症状或运动型不安。

符合症状标准至少已6个月。

(五)治疗方法

1. 药物治疗 抗焦虑药物如苯二氮䓬类对控制惊恐发作者有很好的疗效，常作为焦虑障碍的前期治疗，但不宜长期单独使用，否则有形成依赖和成瘾的可能，并导致认知功能的损害。目前主张与三环类或(Selective Serotonin Reuptake Inhibitor，SSRIs)类合用，大多数抗抑郁药抗焦虑作用也很显著，不会形成依赖，但起效较慢。芳香族哌嗪类抗焦虑药如丁螺环酮主要用于广泛性焦虑障碍，优点是不成瘾，安全，不影响认知和运动功能，但起效慢且不能改善睡眠。

2. 心理治疗

(1)惊恐障碍

1)让患者了解惊恐发作、发作的间歇性、回避过程。

2)内感受性暴露,患者暴露于自己的害怕感觉和外界的害怕境遇,害怕感觉包括过度呼吸引起的眩晕、脸上发热和麻刺感,摇头引起眩晕或非真实感;害怕境遇包括拥挤、在公交车和路途中以及在创伤性事件的情境;通过有计划的暴露,使患者注意这些感受,从而耐受并控制这些感受,不再出现惊恐发作。

3)认知重组。患者原来认为“我将晕倒”“我将不能忍受这些感受”,认知重组让其发现惊恐所导致的结果与既往的认识有很大的差距,这样达到新的认知重组而缓解症状。

(2)广泛性焦虑障碍 患者容易出现两类逻辑错误:①过高估计负性事件出现的可能性,尤其是与自己有关的事情;②过分戏剧化或灾难化的想象事情的结果。

焦虑障碍患者对事物的一些歪曲的认知,是造成疾病迁延不愈的原因之一。对患者进行全面的评估后,治疗者就要帮助患者改变不良认知并进行认知重建。松弛训练、呼吸控制训练咨询训练、想法终止能部分缓解焦虑。

(六)典型案例

【一般资料】男性,41 岁,企业职工。家中排行老大,有两个妹妹。夫妻关系好,有一女 15 岁。身体健康,无重大躯体疾病,无家族精神病史。

【主诉】严重焦虑、失眠,为如何不焦虑而焦虑近一年。

【个人陈述】在我 18 岁时,曾经有半个月的时间,出现过死亡焦虑,当时很执着地思考“人死了以后会到哪里去?”这个问题。纠结了半个月,也没有找到答案,后来慢慢就不纠结了。一年前,我的一个中年朋友因车祸意外去世,对死亡的焦虑又突然出现,虽然我知道思考这个问题没有多大意义,可还是摆脱不了,并因此引发了持续的焦虑,导致睡眠质量大受影响。后来,问题逐渐演变为“如何才能不焦虑?”为了不焦虑而焦虑,焦虑反而加剧了。

咨询师观察和他人反映:来访者呈焦虑面容,坐卧不安。自己知道焦虑不好,但就是放松不下来,为了不焦虑而焦虑。他每天吃四粒阿普唑仑,一粒思诺思,但只能睡两个小时。这种高度焦虑的状态,连安定也镇静不了,以至于他什么事都不想干。后来,他跟单位说自己有抑郁症,单位就让他休息了。他还吃过不少抗抑郁的药,但作用不大,每天依然持续的焦虑。曾到专科医院心理科开过很多药,后来又到寺庙里待过,最后还是老样子。这种高度焦虑的状态已经持续八九个月了,焦虑面容,憔悴不堪,愁眉不展。

【评估与诊断】根据 CCMD-3,诊断为:广泛性焦虑障碍。

【咨询目标】缓解焦虑症状,恢复社会功能。

【咨询方案的制定】心理疏导疗法

心理疏导治疗的模式是："不知→知→实践→认识→效果→再实践→再认识→效果巩固"。

第一阶段——疏通阶段 主要任务是了解心理障碍及其形成原因，为治疗打下良好的基础。这是"不知→知→认识"的过程，也是"知己知彼（疾病）"的过程。

第二阶段——实践锻炼阶段 要求患者认识"怕"字，克服"怕"字。告之以克服强迫思维的方法，在认识和实践中，不断获得新领悟。这是"实践→认识→效果"的过程。

第三阶段——巩固阶段 改造性格，减少疾病的反复。引导患者逐步掌握完善性格的方法和手段。这是"效果→再实践→再认识→效果巩固"的过程，也是一个长期的过程。

【咨询过程】个别咨询 4 次，每次 2h。前 3 次，每天一次。第 4 次咨询在 2 个半月之后。第 4 次咨询结束的 1 个月后，参加集体疏导班 1 次，共 7d。

第 1 次：了解求助者信息，建立咨询关系，进行心理教育。协助求职者了解心理障碍及其形成原因，为治疗打下良好的基础。这是"不知→知→认识"的过程，也是"知己知彼（疾病）"的过程。

第 2 次：要求患者认识"怕"字，克服"怕"字。告之以克服"怕"字的方法，鼓励其实践。这是"实践→认识→效果"的过程。

第 3 次：进行了典型案例举例，通过 1 例广泛性焦虑障碍患者从病到愈的过程，为求助者提供实践的示范。建议来访者放弃休假模式，找点事情忙起来，避免将注意力全部关注在焦虑本身上。通过转移注意力的方式将心理能量向外导引，慢慢打破不良循环，走入良性循环。听说他打牌水平很高，建议他去爬山或者打打牌也行。

第 4 次：在第 3 次咨询结束的两个多月后，又预约咨询。这两个月来，他没有找事做，赋闲在家，他说根本没有心思做事情，也做不下去。他说也试过爬山打牌等，但还是不行，"感觉都活不下去了，哪有心思打牌啊！"静不下来，爬山、逛公园等都不想去。他总担心，这样焦虑下去，自己可能活不了几年了。此次咨询，除了倾听之外，我依然建议他去找些事情做，让自己闲着就没有办法摆脱这个不良循环。咨询结束，我告知了他一个月后的集体疏导班讯息。

第 5 次：参加为期七天的集体疏导班。七天中，他没有逃避，一直坚持到疏导班结束。集体疏导班主要内容是神经症的心理疏导疗法，分为三个阶段，即：认识心理障碍、克服"怕"字、改造性格。疏导形式包括老师讲座、小组交流、克服怕字的实践锻炼等。从第三天开始一直到第六天，来访者觉得自己没有任何改观，焦虑感依然很重。咨询师觉得这样下去，他回家后，肯定还是不会有进展的。就帮助联系了一家复印店，让其到店里做义工。建议他先从半天班开始，如果能坚持下来，就上全天班。疏导班结束次日，他到小店上班了。二十多天后，咨询师随访，他的焦虑症状基本缓解了。他说："我好了，没问题了！"问他："怎么好的？"他说："我也不知道是怎么好的，忙着忙着，慢慢的就好了。"几天之后，因为要到外地去，他就离开了这个小店。前后在这个店工作了近一个月。

咨询效果的评估：随访至今，五年余，他的状态一直很好，焦虑症状没有再反复过。他已不在原来的企业上班了，在朋友的店里当主管。

二、抑郁障碍

（一）概论

抑郁障碍或抑郁发作时以显著而持久的心境障碍为主要特征的一种疾病，抑郁症患者常有兴趣丧失、自罪感、注意困难、食欲丧失和有死亡或自杀观念，其他症状包括认知功能、语言、行为、睡眠等异常表现。抑郁障碍以心境低落为主，与处境不相称，可以从闷闷不乐到悲痛欲绝。

据 WHO 的调查推测，约有 1/5 的女性、1/10 的男性在有生之年可能罹患抑郁症，全球目前约有 3.4 亿抑郁症患者。我国抑郁症患者预计高达 2 600 万人，每年给中国带来的经济负担达到了 621.91 亿元人民币。抑郁症已成为中国第三大疾病负担。抑郁症患者是与自杀联系最紧密的病因，最终会有 10%~15% 的患者死于自杀，构成所有自杀人口的 1/2~2/3；预计到 2020 年抑郁障碍的疾病负担将上升到第二名。

（二）发病机制

1. 遗传因素 心境障碍患者中，有家族史者为 30%~41.8%。心境障碍者的亲属患本病的概率为一般人群的 10~30 倍，血缘关系越近，患病率也越高。分子遗传学研究发现：抑郁症患者中 5- 羟色胺 2A 受体基因 *T102C* 多态性等位基因 A2 频率占多数。

2. 生理学因素 5-HT 假说提出 5-HT 功能低下是抑郁症的神经生物学标志，与抑郁症的患者抑郁心境、食欲减退、失眠、昼夜节律紊乱、性功能障碍、焦虑不安、不能对付应激、活动减少等密切相关。去甲肾上腺素（Noradrenaline，NA）假说认为抑郁症的发生是由于脑中 NA 不足所致，中枢神经系统中 NA 含量下降，则发生抑郁症，反之则发生躁狂症。多巴胺（dopamine，DA）学说揭示了 DA 能系统功能低下在抑郁症的病因占重要的地位。临床研究显示约有 50% 的抑郁症患者有明显的昼夜节律改变，即抑郁情绪在晨间加重，在下午和晚间有所减轻，这与神经内分泌有关。尤以下丘脑 – 垂体 – 肾上腺（HPA）轴、下丘脑 – 垂体 – 甲状腺（HPT）轴与抑郁症的发生有关。

3. 心理社会因素

(1)认知歪曲:阿伦·贝克(Aaron Beck)提出的负性认知定势理论是抑郁的主要的认知理论之一。抑郁症常见的认知歪曲包括任意推断、选择性概括、过度引申、全或无思维、个人化。

(2)生活事件:突如其来的威胁性生活事件如严重的交通事故、亲人死亡、遭遇歹徒袭击、家庭财产被抢劫等创伤性体验是抑郁的最主要触发因素。研究结果也表明,抑郁症患者在发病前 1 年内存在大量的负性生活事件,提示负性生活事件的不良刺激增多与抑郁症的发生有关。在重大灾害或经历过创伤性事件以后,抑郁的发生率将大幅度提高。

(3)社会支持:调查认为社会支持不足可能在精神疾病发生中具有一定作用,而劣性社会关系的存在则损害身心健康。社会支持一方面对应激状态下的个体提供保护,即对应激起缓冲作用,另一方面对维持一般的良好情绪体验具有重要意义。研究结果表明,抑郁症患者发病前的社会支持明显缺乏,重大创伤性事件后,社会支持缺乏者的抑郁发生率远远高于拥有良好的社会支持系统的个体。

(4)防御方式:抑郁症患者在发病前存在心理防御方式的缺陷,他们在挫折或负性刺激时较多使用不成熟防御方式和神经症性防御方式如压抑、逃避、否定、隔离等。个体经历重大灾难或创伤性事件后,通常处于应激状态,会出现一过性的意识狭窄、定向困难、情感迟钝、甚至木僵状态,一般在 24~48 小时后开始缓解。但如果过多或长期使用不良防御方式,则容易陷入持久的抑郁状态。

(三)临床特征

既往将抑郁症的表现按心理过程内容概括为“三低症状”,即情绪低落、思维迟缓和意志减退,但不一定出现在所有的抑郁患者身上。目前对抑郁症归纳为核心症状、心理症状群、躯体症状群三个方面。

1. 核心症状

(1)情绪低落:可以从闷闷不乐到悲痛欲绝,生活充满了失败,一无是处,对前途失望甚至绝望,存在已毫无价值(无望和无用感),对自己缺乏信心和觉醒(无助感),十分消极。

(2)兴趣缺乏:对以前喜爱的活动缺乏兴趣,丧失享乐能力。

(3)精力不足,过度疲劳:感到疲劳无力,打不起精神,行动费劲,语调低沉,语速缓慢,行动迟缓,严重者可终日卧床不起。

2. 心理症状群

(1)焦虑:常常与抑郁伴发,可伴发躯体症状,如胸闷、心跳加快或尿频等。

(2)自罪自责:患者对自己既往的一些轻微过失或错误痛加责备,认为自己给社会、家人和他人带来损失和痛苦,自己是有罪的,应该受到惩罚,甚至主动去

“自首”。

(3)精神病性症状。

(4)认知症状：有记忆力和注意力等认知能力下降，认知扭曲也是其主要特征。

(5)自杀：有自杀观念和行为的占50%以上。约有10%~15%的患者最终会死于自杀。偶尔出现扩大性自杀和曲线自杀。

(6)精神运动型迟滞或激越；自知力受损。

3. 躯体症状群

(1)睡眠紊乱，多为失眠（少数嗜睡）吗，包括不易入睡，睡眠浅或者早醒等，早醒为症状性特征。

(2)食欲紊乱：表现为食欲下降和体重减轻。

(3)性功能减退。

(4)慢性疼痛：不明原因的头痛或全身疼痛。

(5)晨重夜轻：患者不适以早晨最重，在下午和晚上有不同程度的减轻。

(6)非特异性躯体症状：如头昏脑涨，周身不适，心慌气短，胃肠功能紊乱等，无特异性且多变化。

（四）诊断标准

根据《中国精神障碍分类与诊断标准》（第3版），诊断标准如下：

1. 症状标准　以情绪低落为主征、持续至少2周，且社会功能受损，给本人造成痛苦或不良后果，排除其他躯体或精神疾病，伴有下列症状中的4项：

(1)兴趣丧失、无愉快感。

(2)精力减退或疲乏感。

(3)精神运动性迟滞或激越。

(4)自我评价过低或自责，或有内疚感。

(5)联想困难，或自觉思考能力显著下降。

(6)失眠或早醒，或睡眠过多。

(7)性欲明显减退。

(8)反复出现想死念头，或有自杀行为。

2. 严重标准　社会功能受损，给本人造成痛苦或不良后果。

3. 病程标准

(1)符合症状标准和严重标准至少已持续2周。

(2)可存在某些分裂性症状，但不符合分裂症的诊断。若同时符合分裂症的症状标准，在分裂症状缓解后，满足抑郁发作标准至少2周。

4. 排除标准　排除器质性精神障碍，或精神活性物质和非成瘾物质所致抑郁。

（五）治疗方法

1. 药物治疗　药物治疗是最主要的治疗方法，能改善抑郁症患者的抑郁和焦虑，缓解并逐渐消除患者症状。治疗时应足量足疗程，药物要依个体化原则，宜从小剂量开始，剂量逐渐加大。不同时代对抑郁症的治疗方案都有所不同，20世纪50—60年代，出现了第一代抗抑郁药，常用的有阿米替林、马普替林。但近代对抑郁症的治疗中发现很多不良反应，在使用方面受到了一些限制。进入20世纪80年代，随着对抑郁症及抗抑郁药研究的深入，第二代抗抑郁药5-HT再摄取抑制剂逐步广泛运用，代表药物有氟西汀，其不良反应少，安全性高。

2. 心理治疗　常见的行之有效的抑郁症心理治疗方法有认知行为治疗、支持性心理治疗、人际心理治疗等。

(1)认知行为治疗：根据Beck的观点，抑郁症患者往往存在一定形式的认知偏见，而这种偏见与抑郁发作密切相关，并阻碍着患者的康复。认知治疗的作用就是改变患者的认知偏见，主要方法就是医生和患者一起找出和矫正导致抑郁症状产生的“功能失调性信念”。要帮助患者辨认他们的负性思维和逻辑错误，让患者用实践检验自己的认知假设，用改变行为来改变认知，用理性的信念代替非理性的信念，重建健康的认知结构，使患者能客观的对待自己，预测未来。

(2)支持性心理治疗：支持性心理治疗，又称支持疗法，是指在执行医护过程中，医护人员对患者的心理状态合理的采用劝导、鼓励、同情、安慰、支持以及理解和保证等方法。来帮助患者认识问题，其目的是消除患者的不良情绪，使其处于接受治疗的最佳心理状态，从而保证治疗的顺利进行，使疾病早日康复。

(3)人际心理治疗：抑郁症患者常见的人际问题包括四方面：不正常的悲伤反应、人际冲突、角色转变困难和人际交往缺乏。因此，给予患者实施正确的人际心理治疗，可以达到缓解抑郁症状，解决患者人际关系，使患者主动建立完善的社会支持系统，在遭遇重大创伤性事件时，能够及时有效地获得社会支持，避免再次陷入抑郁。

（六）典型案例

【一般资料】女，42岁，一家4口，丈夫和一子一女。自己是家庭主妇，丈夫常年在本地打零工，夫妻关系一般。常年生活在农村，家境一般。四年前，按照国家移民政策，从外地搬迁到本地镇上居住。初中文化，平时性格开朗，人缘较好。身体健康，无重大躯体疾病史，家族无精神病史。

【主诉】情绪低落，心情极度痛苦，兴趣降低、食欲差、失眠、有轻生意念等一年余。

【个人陈述】3个月前，发生地震，上高三的儿子被埋在了倒塌的教学楼中，我和他爸赶到现场的时候，孩子还没有救出来。在现场等待了半天时间，孩子才被救出来，但已经不省人事了。当时，不能接受那个现实。后来，政府把孩子和他的众多同学一起掩埋在一处临时公墓。我也到墓地去过。自此之后，整日以泪洗面，一直不能接受这个现实。现在，泪也哭干了，心情也好不起来。虽然知道伤心难过于事无补，但却不知道怎么走出来。儿子走了，一家人都很难过。虽然有丈夫、女儿支持，但我却总想儿子，脑子中不断会冒出儿子的活蹦乱跳的画面。儿子太优秀了，学习好，很懂事，很孝顺，长得也好，为什么老天这么不公，要夺去我儿子的生命。现在对什么事情都没有兴趣，什么也不想干。很想哭，感觉活着没意思，想死了就好了，就可以去陪我儿子了。但还有女儿，有丈夫，我走了，他们怎么办？我也知道这样下去不是办法，但不知道怎么办？

【咨询师观察和他人反映】求助者面容憔悴，消瘦，两眼无神。其女儿反映，哥哥去世后，妈妈整日以泪洗面，后来，泪也哭干了，心情一直不好。道理都懂，知道人死不能复生，应该好好活下去，但就是想不开，总是念叨哥哥，钻到牛角尖里出不来。自己和爸爸都经常劝她，没有多大用。现在都没有办法了。

【评估测试与诊断】根据 CCMD-3，诊断为：抑郁症。

【咨询目标】缓解抑郁情绪，恢复社会功能。

【咨询方案】支持疗法、认知行为疗法结合暴露疗法。

支持性心理治疗，又称支持疗法，是指对患者的心理状态合理的采用劝导、鼓励、同情、安慰、支持以及理解和保证等方法。来帮助患者认识问题，其目的是消除患者的不良情绪，使其处于接受治疗的最佳心理状态，从而保证治疗的顺利进行，使疾病早日康复。

认知行为疗法主要目的是帮助个体调整那些有问题的思维方式。比如：把失去家人的伤痛归咎到自己没有照顾好。认知疗法可以扭转这种信念，比如："这并不是你的错，你已经尽力了"。

暴露疗法的假设是：个体在灾难中学会了那些引起其恐惧的想法、感受和场景。治疗过程中，在安全可控的环境下，治疗师会要求求助者一次次重述创伤的过程，直到不再对回忆产生恐惧为止。目的是教会求助者正视并控制恐惧。

【咨询过程】每周一次，每次 60min。咨询师在地震灾区的心灵驿站工作，驻守时间为一年。通过灾区走访，闻知求助者抑郁情绪严重，主动上门进行服务。每次都是咨询师固定时间上门服务。

第 1~5 次咨询：建立咨询关系，陪伴、倾听，给予情感支持和心理教育。

会谈时，充分尊重患者，通过倾听、共情和无条件积极关注等技术，建立良好的咨询关系，使来访者消除顾虑，充分信任咨询师，配合咨询治疗过程顺利完成，达到预期目的。除此之外，还对其各种心理生理现象给予了正常化教育，即自从儿子去世后，她的各种情绪如内疚、愤怒、自责、无意义感以及食欲差、睡眠差等均是遇到灾难性事件的正常反应。谁遇到这种事，都会有类似的反应的。目的是减轻其心理负担。

第6~15次咨询:陪伴、倾听,进行暴露治疗和心理教育。

在建立了良好的咨询关系的基础上,求助者对咨询师非常信任。每次能够主动和咨询师交谈,倾诉自己的压抑和自责,咨询师都能做到关注和共情。第7次咨询时,咨询师还协助求助者整理了其儿子的遗物,当翻阅到一本日记时,发现了写给妈妈的心里话,征求了求助者的同意后,当场读了出来。听了儿子的日记,求助者再次长时间痛哭,咨询师给予了拥抱。这次咨询之后,咨询关系进一步加深。自从求助者的儿子匆匆埋掉之后,她再也没有到墓地去过。因此,第8次咨询,咨询师建议求助者可以到儿子墓地去看望一下,她立刻答应了。第9次咨询,咨询师与求助者及其女儿一起到墓地。咨询师嘱其可以和儿子说说心里话。后咨询师走开,留下求助者单独在墓前坐了很久。后面的几次咨询,依旧是陪伴和支持。求助者情绪逐渐有所好转。

第16~26次咨询:给予建议,调整认知,维持状态,并协助其回归社会。

此阶段咨询,主要是协助求助者调整认知,鼓励其逐步回到现实生活。求助者一直比较自责,认为自己没有照顾好儿子,还经常为生前某些时候对儿子的不好而内疚。咨询师告诉求助者:"这不是你的错""儿子在天有灵的话,会希望你怎么过?"等,鼓励求助者多参与镇上组织的集体活动。随着咨询的进展,咨询师经常和求助者谈及未来的打算。求助者的笑容逐渐多了起来,还回了一趟老家。镇上有人组织加工鞋子的计件代工,她也揽了一些活,把鞋子拿回家做,每月能挣近千元钱。阴霾在逐渐远离她的家庭,生活正在逐步的恢复中。

第27~30次咨询:结束咨询阶段,告别仪式。

随着求助者状态的好转和社会功能的恢复,咨询师主动和她谈及了咨询结束的问题。通过和求助者协商,决定1个月后,结束咨询。最后的四次咨询,双方更多的是谈及未来的生活,也相互表达了内心的情感。求助者对咨询师甚为感激,有些依依不舍。临走之时,还送给了咨询师一双鞋子作为纪念。咨询师给求助者留下了联系方式,表示以后会对其继续支持。

【咨询效果评估】求助者情绪不再低落,不再沉溺于幻想,对现实的兴趣增强,睡眠、饮食等逐步恢复正常,也逐步恢复了社会功能,能参与日常的人际交往、工作和生活。半年后随访,其状态也一直比较稳定。

三、强迫症

(一)概论

《中国精神障碍分类与诊断标准》(第3版)(简称CCMD-3)对强迫症的定义:强迫症指一种以强迫症状为主的神经症,其特点是有意识的自我强迫与反强迫并存,二者强烈冲突使患者感到焦虑和痛苦;患者体验到观念或冲动来源于自我,但违反自己的意愿,虽极力抵抗却无法控制;患者也意识到强迫症状的异常性，但无法摆脱。病程迁延者以仪式动作为主，精神痛苦减轻，但社会功能严重受损。

根据跨国精神病流行病学研究，强迫症的终身患病率达到1.9%~2.5%，年发病率为1.1%~1.8%，女性的患病率普遍高于男性。患者常有强迫性格，起病多在童年或成年早期，一般发病都在25岁以前，只有少部分出现于35岁左右，青年中的患病率是老人的两倍。

（二）发病机制

1. 遗传　强迫症有家族聚集性，家系调查发现患者父母中约5%~7%的人患有强迫症。如果将患者一级亲属中有强迫症状但达不到强迫症诊断标准的病例包括在内，则患者组的父母强迫症状的风险率为15.6%，显著高于对照组父母的2.9%。

2. 神经生物学因素　脑内5-HT能神经元活动减弱说用PET标记法发现，强迫症患者脑内5-HT递质释放减少，而用增加脑内5-HT能神经活动药物都可以有效减弱和消除强迫症状。尾核功能亢进说通过CT、MRI等技术发现强迫症患者的尾核代谢功能亢进的现象与强迫程度呈正相关。经抗强迫药物治疗后，在强迫症状消除的同时，尾核代谢功能亢进现象也随之消失。

3. 心理社会因素

（1）人格特质：临床观点认为强迫性人格与强迫性障碍的发病有关，强迫症患者具有完美主义、过于敏感、严谨、吹毛求疵、担心细节等强迫性人格特质，患者在长期不适当的教育环境（社会环境）中个体形成过强或过弱的性格通常表现为：虚荣心、自尊心过强，自信心弱、对人对己要求过高、依赖性强等性格特征。

（2）归因风格：研究报道，强迫症状与有势力的他人控制有关。强迫性障碍患者对自己在许多情景下的作用做出歪曲的归因方式，夸大自己的责任感，认为自己对他人和环境的影响太广泛太强、太人身性或太独占的。涉及责任感扩大的一般归因风格的人，觉得自己强迫思维（如损伤他人的冲动、性想象）更值得谴责，情感反应很可能趋于罪感。若把强迫思维归因于外部的，情感反应更可能表现出愤怒。

（3）生活事件：负性生活事件作为应激源与病理心理的发生和发展有着重要的关系。强迫性障碍患者病前生活事件的临床研究发现51%~53%的患者在病前有应激情景或触发事件。主要生活事件包括教育方法不当、家庭气氛紧张、突发性应激事件、在创伤性事件中受到惊吓及学校因素。

（三）临床特征

强迫症以反复出现的强迫观念和强迫行为为主要临床特征，其特点是有意识的自我强迫和反强迫并存，二者强烈冲突使患者感到焦虑和痛苦，强迫行为是强迫观念的典型反应。

1. 强迫观念 强迫观念是强迫症的核心症状，主要表现为患者反复而持久地思考某些并无实际意义的问题，既可以是持久的观念、思想、印象，也可以是冲动念头。这些体验虽不是自愿产生，但仍然属于患者自己的意识。患者力图摆脱，但却摆脱不了并因此紧张苦恼、焦虑不安，还可出现一些躯体症状。强迫观念主要包括：强迫思维、强迫性穷思竭虑、强迫怀疑、强迫联想、强迫回忆、强迫意向。

2. 强迫动作和行为 强迫动作和行为是一再出现的重复或刻板的行为，常继发于强迫观念。从根本上将，这些行为既不能给人以愉快，也无助于完成有意义的任务。患者常将其视为能防范某些客观上不大可能的事件。这种行为通常被患者认为是无意义的或无效的，且反复企图加以抵抗，但抵抗导致明显焦虑。对于病程漫长的患者，抵制可能十分微弱。主要有以下几种表现：强迫检查、强迫洗涤、强迫性仪式、强迫询问。

另外，强迫障碍患者通常还伴有回避行为，患者回避触发强迫观念和强迫行为的各种情境，在疾病严重时回避可能成为最受关注的症状，而在治疗过程中，随着回避行为的减少，强迫行为可能增加，因为治疗过程使患者更多地暴露在诱发强迫症状的环境中。

焦虑常继发于强迫症状，强迫症状加重时也常出现抑郁，抑郁症状的加重或减轻一般会伴有强迫症状严重程度的平行变化。

（四）诊断标准

根据《中国精神障碍分类与诊断标准》（第 3 版），诊断标准如下：

1. 符合神经症的诊断标准，并以强迫症状为主，至少有下列 1 项：

1）以强迫思想为主，包括强迫观念、回忆或表象，强迫性对立观念、穷思竭虑、害怕丧失自控能力等。

2）以强迫行为（动作）为主，包括反复洗涤、核对、检查，或询问等。

3）上述的混合形式。

2. 患者称强迫症状起源于自己内心，不是被别人或外界影响强加的。

3. 强迫症状反复出现，患者认为没有意义，并感到不快，甚至痛苦，因此试图抵抗，但不能奏效。

符合上述症状标准，并排除其他精神障碍的继发性强迫症状，如精神分裂症、抑郁症，或恐惧症等排除脑器质性疾病特别是基底节病变的继发性强迫症状，持续至少已 3 个月，社会功能受损，可诊断为强迫。

（五）治疗方法

1. 药物治疗 临床实践和研究表明，药物治疗对强迫症有一定的效果。如三环类氯丙咪嗪，是 5-HT/NE 再摄取抑制剂，临床研究显示治疗强迫症的有效率约为 50%~80%；目前使用最多的可能是选择性 5-HT 再摄取抑制剂（SSRIs），如帕罗西汀；还有 5-HT 和 NA 再摄取抑制剂（NASRI）如文拉法辛；对伴有明显焦虑和抑郁的患者可在使用前述药物基础上合用苯二氮䓬类药物。但药物治疗效果最好也只能达到中等程度，而且停药后通常出现反复。因此强迫症的治疗在服用药物的同时应当配合心理治疗。

2. 心理治疗

(1)认知－行为疗法：人的心理与行为常与他对人对事的认知有关，非适应、非功能的心理和行为是由扭曲的认知产生，如果能更改或修正其错误的认知，就可以改善其心理和行为。同时，它还认为强迫症状可减轻焦虑而使得强迫症状强化和持续，焦虑也由于引起强迫症状得不到清除的机会而得以继续，因此，使患者发生强迫观念和行为，中断习惯化过程成为治疗的必要阶段。

认知－行为治疗需要咨访双方共同协作来处理强迫症状，患者自身也要负起责任，协助制定计划并认真完成家庭作业才能取得良好的疗效。常用的认知行为疗法有以下几种：

1)思维阻断法：思维阻断法是在患者想象其强迫观念过程中，通过外部控制的手段，人为地抑制并中断其思维，经过多次的重复促使强迫观念症状消失。

2)暴露疗法和反应预防：暴露疗法使患者面对引起焦虑的物品和环境；反应预防要求患者推迟、减少甚至放弃能减轻焦虑的行为，尽可能抑制强迫行为，如缩短洗手时间，减少洗手频度，甚至放弃洗手。在实施行为治疗时，应教育患者服从治疗计划，增强患者治愈的信心，要求家庭成员鼓励，监督患者完成家庭作业。

3)系统脱敏法：系统脱敏又称交互抑制，是一种以渐进方式解除神经症焦虑状态的技术。系统脱敏法治疗包括3个步骤：肌肉放松训练、建立恐怖或焦虑的等级层次、分级脱敏练习、在放松状态下，想象或体验感到焦虑或恐怖的事件(从最低层级到最高层级)，直到适应为止。

(2)精神分析疗法：精神分析疗法是以无意识理论为基础，重视患者的童年创伤和无意识动机。主要通过自由联想、梦的解析等技术挖掘患者的无意识动机和欲望以及所遭受的精神创伤，然后进行合理的解释，让患者领悟到症状的真正意义。体验和感受症状的幼稚与可笑，症状因失去存在的意义而消除，从而调整精神活动，逐渐建立新的行为模式。

国内钟友彬教授提出：对幼年经验不勉强追忆，主要让患者领悟症状是儿童幼稚逻辑推断出来的，是用不切实际的儿童态度去看待某些事物的结果，并对领悟的作用和本质作了新的解释。

(3)森田疗法：森田疗法是由日本森田正马博士于20世纪20年代创立。森田提出了“疾病＝神经质 × 偶发事件 × 机会”学说，强调治疗过程中患者对症状采取“顺应自然”的态度时便可放弃症状。

森田疗法治疗强迫症分为4个阶段：①绝对卧床期(7d)。患者在保证绝对卧床，听任强迫观念出现，但患者必须忍受痛苦，不采取任何措施。同时指出一些认识上的错误，纠正曲解观念。②轻作业期(7~14d)。患者从事轻体力劳动，仍不可过多地与别人交谈，禁止看书报、抽烟等活动。夜间卧床7~8h，每天户外散步2~3h，晚上记日记。要求患者尽量抑制强迫行为，带着强迫观念坚持工作。③重工作期(7~14d)。主要在园艺治疗区从事重体力劳动。每天早晨、傍晚进行强体力锻炼。晚间可看一些一般性读物，后期可阅读有关森田疗法理论的读物。让患者学会对症状置之不理，以积极有益的活动代替强迫行为。④回归社会期(7~14d)。可以外出、回家、回单位、参加集会和文娱活动，恢复原来的社会角色，每天坚持写日记。

(4)心理疏导疗法：心理疏导疗法由南京脑科医院鲁龙光教授于1984年创立，通过在诊疗过程中对患者阻塞的病理心理进行疏通引导，鼓励患者自我领悟、自我认识、自我矫正，促进患者自身心理转化，减轻、缓解、消除症状，帮助他们认识疾病的运动规律，改造性格缺陷，提高主动应对心理应激的能力。治疗分为三个阶段：①疏通阶段，认识病理之树——认识心理障碍的特点、原因、机制，将理论形象化地进行描述，使患者将理论与自身联系、紧密结合、举一反三；②实践锻炼阶段——重点是认识“怕”字，淡化强迫思维，减少强迫行为，摆脱困扰；③提高心理素质、改造性格阶段。心理疏导疗法认为，患者往往因带有完美主义、谨小慎微、严谨、拘泥、有太多条条框框等性格特征，从而引起了各种不同的强迫症状。只有通过习以治惊、少想多做，避免逃避和屈从，最终改造性格，才能逐步摆脱强迫的困扰。

(六)典型案例

【一般资料】男，17岁，高一学生，独生子，从小和父母生活。父母比较溺爱，生活上包办代替。母亲宽松，父亲严厉。学习成绩优异，但是父亲从未表扬过他。和同学关系尚可。无重大精神疾病及家族病史。

【主诉与个人陈述】主诉：控制不住想问题，反复问问题半年余，加重4个月。

个人陈述：我从小比较胆小，自信心不足，凡事都由爸妈代为决定。在我初三下学期时，邻居家因为电器老化发生火灾，家里损失非常严重。加之当时学习压力重了很多，老师一直反复强调学习的重要性。此次火灾之后，我就开始反复检查家里的电器、煤气等，如插座是否拔掉，煤气是否关掉，总怕出现什么意外。加之当时爸爸对我的学习抓得很紧，经常检查我的作业本和考试试卷，有题目做错了，他就很生气，我就反复检查怕做错。上课注意力能集中。平时反复想问题，控制不住，如反复想试卷是否写名字了，最后的计算是不是出错了，每次想大约30分钟，最后也能控制住不再去想了。升入高一后，我又逐渐感到学习压力大，又出现反复问别人问题，如别人对自己说过的话，总害怕自己遗漏了什么，反复问别人，直到别人把那句话再重复一遍甚至几遍。反复想一些无关紧要的事情，明知没必要，越想控制，越无法自控。后出现焦虑、懊恼、心烦、头痛、胃部不适等，很痛苦。学习和人际交往都受到很大影响。

【咨询师观察和他人反映】来访者自行陈述，自知力完整，主动求治。性格内向、不善交际，对自我要求高，敏感、做事认真，学习刻苦，倔强。为自己反复检查、反复思考、反复问问题而无法安心学习、不受别人欢迎而自责和忧虑。自诉尽管知道这些做法不好也没有必要，但就是无法自控。否认幻觉和妄想。父母陪同前来，母亲所述与其陈述内容基本一致，父亲一直没有发言。

【评估测试与诊断】心理测验：SCL-90：躯体化因子分 2.0，强迫状态因子分：3.7，抑郁因子分：2.0，焦虑因子分：2.7，其余各因子分均小于 2，提示：强迫状态（重度）、焦虑（中度）、躯体化（轻度）、抑郁（轻度）。

诊断：根据 CCMD-3，诊断为：强迫症。

【咨询目标】近期目标：减少强迫思维，减轻焦虑情绪，提高学习效率，改善社交。远期目标：提高心理素质，完善性格，实现在学习、生活、人际关系等方面的自我满意。

【咨询方案】心理疏导疗法。

心理疏导疗法将心理障碍的产生、发展形象地比作一棵树，这棵“树”分根、干、冠（枝叶）三个部分。树冠代表各种症状，树干代表“怕”字，树根则代表性格缺陷，“树”成长的土壤代表个人所处的社会和自然环境。因此，要治愈心理疾病，就必须除去这棵“树”。

如何砍掉这棵树，使其根干分离，从而克服这个“怕”字？疏导疗法的理念是“视而不见，少想多做”。对于各类“怕”，视而不见，少想病态的东西，多做“正常的”事情。逐渐做到“不怕它、不理它、不硬斗、不刻意注意它”，就能逐步减少病态思维的干扰。“视而不见”是为了避免陷入上述两个误区，“该做什么做什么”是通过做正常的事情，更有效地转移对病态思维的关注，从而淡化病态思维的干扰。克服“怕”字，最大的问题是逃避。所以，如何面对“怕”字的干扰，避免逃避，忍受煎熬，坚持实践，是能否走出心理障碍的关键。

【咨询过程】每周一次，每次 50min。

1. 第 1~3 次咨询

（1）建立咨询关系：会谈时，充分尊重来访者，通过倾听、共情和无条件积极关注等技术，建立良好的咨询关系，使来访者消除顾虑，充分信任咨询师，配合咨询治疗过程顺利完成，达到预期目的。完成心理测验。

（2）寻找问题存在的原因：在良好的咨询关系基础上，运用开放半开放式提问、具体化和反应技术，收集来访者的详细资料，从中分析和找出与来访者的强迫思维有关的原因，特别是内因——性格缺陷。引导来访者认识到问题的根源所在。

(3) 在来访者认识到问题的根源主要在自己的性格缺陷——过头的性格上时，咨询师接着阐明该类心理障碍的特点、规律以及性格缺陷是如何导致目前出现的症状的。目的是提高其对疾病和自我的认识。

(4)反馈作业：嘱咐其写出反馈材料——即将咨询师的疏导信息与自身联系，写出自己的认识和体会，而且写得越深化越好。

2. 第4~6次咨询

(1) 结合其反馈材料，进一步从心理原因尤其是性格方面探讨他产生心理障碍的原因，逐步深化他对自身问题的认识。

(2) 应对强迫思维的方法。来访者的问题主要在于如何应对强迫思维。其反复检查、询问等强迫行为是缓解焦虑的一种逃避方式。关键点是他面对冒出的“怕万一，不放心”等念头时束手无策，自己一方面知道不应该顺从——反复检查、询问。但另一方面，如果不顺从于这个念头，会更痛苦、更焦虑。因此，出现了两种对待强迫思维的错误方式：①排斥强迫思维——对强迫思维的出现充满了恐惧，非常怕这种念头冒出来，结果是越怕出现，越冒出来，导致强迫思维的泛滥；②顺从强迫思维———想到怕万一，即使自己感觉不应该去检查询问，但屈从于强迫思维，还是继续病态的行为——反复思考、询问，以通过逃避、屈从减轻焦虑。这两种方式都是对强迫思维的强化，无助于从强迫思维的困扰里走出来。此次咨询，主要让其从这两个误区里走来出，教给其处理症状的正确策略。

(3) 反馈作业：以新的方式处理强迫思维，进行实践，并认识和领悟两个误区与“视而不见”的区别，写出自己的反馈材料。

3. 第7~8次咨询

(1) 就如何对待强迫思维，进行进一步的咨询。克服强迫思维的过程是一个“习以治惊”的过程，也是一个病态条件反射逐步消退，正常条件反射逐步建立的过程，即由原来的一出现强迫思维，自己就很恐惧，要么就排斥它、要么就让屈从强迫思维，到对待强迫思维能不怕、不在乎、不理睬的过程。同时，着重就克服强迫思维和改造性格进行疏导。

(2) 告诉来访者采取“视而不见”策略对待强迫思维的关键点：在“视而不见、习以治惊”的初期，会充满痛苦和不习惯——很容易受到强迫思维的干扰而走入误区，此时，工作或学习效率会受到极大影响！因此，这个阶段，降低对自己学习或工作效率的要求是摆脱不良循环的第一步！逃避是治疗的大敌，要能认识到自己可能会随时出现的逃避心理，能顶得住，坚决与强迫思维斗争，避免逃避，通过不断的实践，逐步改变对强迫思维的恐惧心理。

(3) 反馈作业：继续实践，写出自己实践的认识和体会，并结合自己的性格进行反思、总结。

4. 第9~11次咨询

(1)在症状有所减轻的情况下，就如何提高心理素质、改造性格进行疏导。旨在减少症状的反复，提高适应能力，提高生命的质量。重点强调认识性格之难、改造性格之苦，认识到改造性格“其痛无比，其乐无穷”，需要通过生活中的点点滴滴来认识性格、改造性格。并且要重点说明，改造性格是个艰难、长期的过程。谁的心理素质提得越高，“山爬得越高”，谁的自由度就越大，谁就活得越快乐，越有成功感——时时、处处自我满意。

(2)要求其经常将自己的认识和领悟总结下来，不断巩固疗效，提高心理素质，完善性格。

【咨询效果评估】

一年后随访，来访者症状的改善：自信心提高了，不再陷入病态思维之中了。“最近一切都很好。以前吃了不好的东西，一定会吃其他的东西，现在不会了！”“我能够随机应对一些事情了，不要定什么计划了！”来访者不但贪食症状消失，而且对自己的一些其他的病态思维进行了有效调控。“今天做了一套六级试题，成绩很差，心情很郁闷。后来，突然想到这是病态思维，很快就从病态思维中摆脱了！”他不但自己逐步走出来了，还用心理卫生知识帮助了周围几个同学走出困扰。

一年后，心理测验的结果：SCL-90：除强迫状态因子分：2.3外，其余各因子分在常模范围。

四、分离(转换)障碍

(一) 概述

分离转换性障碍(又称癔症)是由精神因素，如生活事件、内心冲突、暗示或自我暗示，作用于易病个体引起的精神障碍。癔病的主要表现有分离症状和转换症状两种。分离，是指对过去经历与当今环境和自我身份的认知完全或部分不相符合。转换，是指精神刺激引起的情绪反应，接着出现躯体症状，一旦躯体症状出现，情绪反应便褪色或消失，这时的躯体症状便叫做转换症状，转换症状的确诊必须排除器质性病变。

(二) 发病机制

癔症的发病机制尚不完全清楚，较有影响的观点大致可归纳为两种。第一种观点认为癔症是一种原始的应激现象。所谓原始反应即人类在危机状态下所表现出的各种本能反应。包括：①兴奋性反应如狂奔、乱叫、情感暴发等精神运动性兴奋状态；②抑制性反应如昏睡、木僵、瘫痪、聋、哑、盲等；③退化反应如幼稚行为、童样痴呆等。

第二种观点认为癔症是一种有目的的反应。临床实践发现癔症常常发端于困境之中或危难之时，而且癔症的发作往往能导致脱离这种环境或免除某些义务。

癔症的发生与生物、心理和社会因素均有关系。

1. 生物学因素

(1)遗传：最早的癔症遗传学研究是Kraulis在1931年完成的。他调查研究了1906—1923年期间被Kraepelin诊断为癔症患者的所有亲属，发现患者父母中有9.4%曾患癔症住院；兄弟姐妹中有6.25%曾患癔症住院。癔症患者的父母和兄弟姐妹中分别有1/2和1/3的人有这种或那种人格障碍。

(2)躯体因素：临床发现神经系统的器质性损害有促发癔症的倾向。多发性硬化、颞叶局灶性病变、散发性脑炎、脑外伤等均可导致癔症样发作。

2. 心理因素　通常认为，具有癔症个性的人易患癔症。所谓癔症个性即表现为情感丰富、有表演色彩、自我中心、富于幻想、暗示性高。国外还有不成熟、要挟、性挑逗等特征的描述。

3. 社会文化因素　社会文化因素对癔症的影响作用较明显，主要是在一些压力较大的场合或者患者需要面对较大困难时，比较容易发生癔症。

（三）临床特征

1. 分离症状的主要表现

(1)分离性遗忘：表现为突然不能回忆起重要的个人经历。遗忘内容广泛，一般都是围绕创伤性事件。这一遗忘的表现不能用使用物质、神经系统病变或其他医学问题所致生理结果来解释。固定的核心内容在觉醒状态下始终不能回忆。

(2)分离性漫游：伴有个体身份的遗忘，表现为突然的、非计划内的旅行。分离性漫游的发生与创伤性或无法抗拒的生活事件有关。

(3)情感暴发：很多见。表现为情感分发泄，时哭时笑，吵闹，对自己的情况以夸张性来表现。发作时意识范围可狭窄。冲动毁物，伤人，自伤和自杀行为。

(4)假性痴呆：给人傻呆幼稚的感觉。

(5)双重和多重人格：表现为忽然间身份改变。比较典型的就是民间说的"鬼怪附体"。

(6)精神病状态：发病时可出现精神病性症状。与分裂症的区别主要在于幻觉和妄想的内容不太固定，多变化，并且很易受暗示。

(7)分离性木僵：精神创伤之后或为创伤体验所触发，出现较深的意识障碍，在相当长时间维持固定的姿势，仰卧或坐着，没有言语和随意动作，对光线，声音和疼痛刺激没有反应，此时患者肌张力，姿势和呼吸可无明显异常。

2. 转换症状的主要表现

(1)运动障碍：可表现为动作减少，增多或异常运动。瘫痪：可表现单瘫，截瘫或偏瘫，检查不能发现神经系统损害证据；肢体震颤、抽动和肌阵挛；起立不能，步行不能；缄默症、失音症。

(2)痉挛障碍：常于情绪激动或受到暗示时突然发生，缓慢倒地或卧于床上，呼之不应，全身僵直，肢体抖动等，无大小便失禁，大多历时数十分钟。

(3)抽搐大发作：发作前常有明显的心理诱因，抽搐发作无规律性，没有强直及阵挛期，常为腕关节，掌指关节屈曲，指骨间关节伸直，拇指内收，下肢伸直或全身僵硬，呼吸阵发性加快，脸色略潮红，无尿失禁，不咬舌，发作时瞳孔大小正常；角膜反射存在，甚至反而敏感，意识虽似不清，但可受暗示使抽搐暂停，发作后期肢体不松弛，一般发作可持续数分钟或数小时之久。

(4)各种奇特的肌张力紊乱、肌无力、舞蹈样动作，但不能证实有器质性改变。

(5)听觉障碍：多表现为突然听力丧失，电测听和听觉诱发电位检查正常，失声，失语，但没有声带，舌、喉部肌肉麻痹，咳嗽时发音正常，还能轻声耳语。

(6)视觉障碍：可表现为弱视、失明、管视、同心性视野缩小、单眼复视，常突然发生，也可经过治疗突然恢复正常。

(7)感觉障碍：可表现为躯体感觉缺失，过敏或异常，或特殊感觉障碍。感觉缺失范围与神经分布不一致；感觉过敏表现为皮肤局部对触摸过于敏感。

3. 癔症的特殊表现形式

(1)流行性癔症：即癔症的集体发作，多发于共同生活且经历、观念基本相似的集体中。起初有一人发病，周围人目睹受到感应，通过暗示，短期内呈暴发性流行。

(2)赔偿性神经症：在工伤、交通事故或医疗纠纷中，受害者有时会故意显示、保留或夸大症状，如处理不当，这些症状往往可持续很久。有人认为，这属于癔症的一种特殊形式。

(3)职业性神经症：是一类与职业活动密切相关的运动协调障碍，如舞蹈演员临演时下肢运动不能，教师走上讲台时失音等。

(4)癔症性精神病：在精神刺激后突然起病，主要表现为意识蒙眬、漫游症、幼稚与紊乱行为及反复出现的幻想性生活情节，可有片段的幻觉、妄想。自知力不充分，对疾病泰然漠视。此病一般急起急止，病程可持续数周，其间可有短暂间歇期。缓解后无后遗症状，但可再发。

(四)诊断标准

根据CCMD-3，癔症的诊断标准如下：

1. 有心理社会因素作为诱因。

2. 有下述表现之一者：

(1)癔症性遗忘

(2)癔症性漫游

(3)癔症性双重或多重人格

(4)癔症性精神病

(5)癔症性运动和感觉障碍

(6)其他癔症形式

3. 症状妨碍社会功能。

4. 有充分根据排除器质性病变和其他精神病。

(五)治疗方法

1. 心理治疗 癔症的症状是功能性的,因此心理治疗占有重要的地位。心理治疗中,注意以下几点:①建立良好的医患关系,给予适当的保证,忌讳过多讨论发病原因;②检查及实验室检查尽快完成,只需进行必要的检查,以使医生确信无器质性损害为度;③以消除症状为主。由于癔症主要由心理暗示导致发病,所以采用暗示治疗效果好。

暗示治疗是治疗分离转换性障碍的经典方法,特别适用于那些急性发作而暗示性又较高的患者。如催眠疗法在治疗癔症患者时常常能收到良好的效果。

家庭治疗也可以用于癔症治疗。当患者的家庭关系因疾病受到影响,或治疗需要家庭成员的配合时,可采用此方法,用以改善患者的治疗环境。

2. 药物治疗 目前尚无治疗分离转换性障碍的特效药物,主要采用对症治疗。癔症患者常常伴有焦虑、抑郁、脑衰弱、疼痛、失眠等症状和身体不适感。这些症状往往的诱使患者发作的自我暗示基础,使用相应药物控制症状十分必要。药物治疗需针对症状进行合理选择。患者如伴有情绪问题或睡眠问题,可分别采用抗抑郁药物、抗焦虑药物及镇静催眠类药物;如果合并精神病性症状,可采用抗精神病药物治疗。但药物的剂量应以中、小剂量为宜,疗程也不应过长。

(六)典型案例

李某,女,19岁,大一学生,因在军训中"反复晕倒"来诊。经询问病史了解到,她多次在军训中感觉腿发软,浑身肌肉无力而无法控制地倒下。认为自己有"低钾血症",但是多次去医院检查血钾,均正常。因为低钾血症这个术语在对她来说还是很专业的,遂询问她如何得知该术语。自述在初中时有个同桌,就是低钾血症,经常会在教室中"晕倒",每次都是她陪同这个同学去医务室甚至去医院治疗。在经历了"5·12"大地震后,虽然自己和家人都没有受任何伤,但是心里非常紧张,担心地震的发生,经常会"感到"有余震。一旦"感到发生余震",或者是经历类似的场景,就特别容易四肢发软,认为自己是低钾血症,从而"晕倒"在地。问是否曾经在"晕倒"时摔伤过自己,她回答没有。结合多次临床血液检查,血钾均在正常范围,所有生理检查并未发现任何可以支持其症状的阳性体征，并且症状的发生与其恐惧的“振动”这一因素高度相关，考虑“癔症”的诊断。

因为癔症是因为心理暗示导致的躯体障碍，暗示治疗效果较好，所以决定使用催眠治疗。治疗过程如下：

第一次治疗：主要是询问病史，了解基本情况，综合判断，考虑可能是癔症，建议她再去医院做1~2次血钾检测，并且去神经内科检查，确定排除低钾血症和其他神经系统疾病。一周后返回结果，临床所有检验、检查结果均在正常范围。

第二次治疗：首先给她讲解了癔症的相关知识，并且告知她综合现有的各项检查结果，初步诊断为癔症，准备使用催眠治疗。然后，向她介绍了催眠治疗的基本知识，并且回答她对于催眠治疗的所有提问，消除她的顾虑。由于咨询师是男性，在给年轻女性做催眠治疗时需要有一女性在场，所以，邀请了她的班主任(女性)在咨询室内观摩治疗过程，来访者表示愿意让老师在场。

通过呼吸控制技术进行导入，并且使用了走楼梯的技术使她进入了较深程度的催眠。在催眠过程中，首先寻找她的资源，让她回想自己在什么时候是特别健康，特别有力的感觉。她回忆起在小学时，她在班级里面跑步比较快，曾经代表班级参加运动会，取得过名次。她能回想起那时在跑道上奔跑时，那种专注、有力的状态，然后是跑到终点以后，老师和同学跟她拥抱欢呼的样子，作为她的资源。多次强化了这个资源的意象。然后，让她想象已经穿好军装，要去参加军训，走入军训的队伍，列队、整队，教官喊口令，大家齐步走。由于大家走得太整齐，所以每次脚步落地，都会感到地面微微颤动。此时她出现了身体摇晃的情况。暗示她立即回想在小学跑道上，周围的人也在奔跑，她能听到自己的呼吸，能感到脚步踩踏到地面时那种微微的振动。但是，这个振动传递给身体的是力量和勇气的感觉，她会感到自己的腿非常有力，自己的身体非常有力，每一次脚重重地踩到地面上都会觉得非常稳定有力，她能够感到地面对自己着地那只脚的支撑，甚至可以用慢动作来体会这一切的力量和力量传导的过程。每一次脚踩在地面上，都会带来更坚实、更有力的感觉，能感到地面对身体的支撑，能感到身体的力量。在催眠暗示之下，来访者很快就保持了稳定的姿势，并且不管咨询师带她体验何种军训的训练，她都会感到地面对身体的支撑和力量。多次重复训练之后，施加催眠后暗示，“任何时候你觉得紧张，都会想起小学时跑步的感觉，能体会到现在地面对身体的支撑和力量”，然后将来访者导出。让她下午继续去参加军训，然后报告结果。

晚上来访者来报告，症状消失，可以正常参加训练。嘱咐其经常回想那个资源场景，继续强化一段时间。

一周后回访，来访者没有再发生晕倒的症状，治疗结束。

五、精神分裂症

（一）概述

精神分裂症患是一种持续、通常慢性的重大精神疾病，是精神病里最严重的一种，是以基本个性，思维、情感、行为的分裂，精神活动与环境的不协调为主要特征的一类最常见的精神病，多青壮年发病，进而影响行为及情感。病程多迁延，有慢性化倾向和衰退的可能，但部分患者可以保持痊愈或基本痊愈状态。

本病的患病率是精神病中最高的一种。在我国城市患病率为7.11‰，农村为4.26‰。城市明显高于农村。两性患病率大致相等。本病多在青壮年发病，最常见于15~35岁，有50%的患者在20~30岁发病，少见于10岁前（儿童精神分裂症）与40~50岁以后（晚发精神分裂症）。发病年龄与临床类型有关，偏执型发病年龄较晚、紧张型次之、青春型及单纯型最小。起病以亚急性与慢性居多。病程多呈持续进展，可导致社会适应能力的下降甚至精神衰退，若能早期发现，早期给予充分合理的治疗，多数患者可取得不同程度的疗效，故预后尚可乐观。

（二）发病机制

精神分裂症是由一组症状群所组成的临床综合征，它是多因素的疾病。本症具有一定的遗传基础，外界环境中的生物、心理社会以及环境因素对发病都可有一定影响。部分患者具有脑结构形态和发生上的改变。尽管目前对其病因的认识尚不很明确，但个体心理的易感素质和外部社会环境的不良因素对疾病的发生发展的作用已被大家所共识。无论是易感素质还是外部不良因素都可能通过内在生物学因素共同作用而导致疾病的发生，不同患者其发病的因素可能以某一方面较为重要。

（三）临床特征

1. 临床表现 精神分裂症的临床症状复杂多样，可涉及感知觉、思维、情感、意志行为及认知功能等方面，个体之间症状差异很大，即使同一患者在不同阶段或病期也可能表现出不同症状。

（1）感知觉障碍：精神分裂症可出现多种感知觉障碍，最突出的感知觉障碍是幻觉，包括幻听、幻视、幻嗅、幻味及幻触等，而幻听最为常见。

（2）思维障碍：思维障碍是精神分裂症的核心症状，主要包括思维形式障碍和思维内容障碍。思维形式障碍是以思维联想过程障碍为主要表现的，包括思维联想活动过程（量、速度及形式）、思维联想连贯性及逻辑性等方面的障碍。妄想是最常见、最重要的思维内容障碍。最常出现的妄想有被害妄想、关系妄想、影响妄想、嫉妒妄想、夸大妄想、非血统妄想等。据估计，高达80%的精神分裂症患者存在被害妄想，被害妄想可以表现为不同程度的不安全感，如被监视、被排斥、担心被投药或被谋杀等，在妄想影响下患者会做出防御或攻击性行为，此外，被动体验在部分患者身上也较为突出，对患者的思维、情感及行为产生影响。

(3) 情感障碍：情感淡漠及情感反应不协调是精神分裂症患者最常见的情感症状，此外，不协调性兴奋、易激惹、抑郁及焦虑等情感症状也较常见。

(4) 意志和行为障碍：多数患者的意志减退甚至缺乏，表现为活动减少、离群独处，行为被动，缺乏应有的积极性和主动性，对工作和学习兴趣减退，不关心前途，对将来没有明确打算，某些患者可能有一些计划和打算，但很少执行。

(5) 认知功能障碍：在精神分裂症患者中认知缺陷的发生率高，约 85% 患者出现认知功能障碍，如信息处理和选择性注意、工作记忆、短时记忆和学习、执行功能等认知缺陷。认知缺陷症状与其他精神病性症状之间存在一定相关性，如思维形式障碍明显患者的认知缺陷症状更明显，阴性症状明显患者的认知缺陷症状更明显，认知缺陷可能与某些阳性症状的产生有关等。认知缺陷可能发生于精神病性症状明朗化之前（如前驱期），或者随着精神病性症状的出现而急剧下降，或者是随着病程延长而逐步衰退，初步认为慢性精神分裂症患者比首发精神分裂症患者的认知缺陷更明显。

2. 常见临床类型

(1) 偏执型精神分裂症：又称妄想型，是世界上大部分地区最常见的精神分裂型症类型。在我国约占住院及流行学群体调查患者的 50% 以上。一般起病较缓慢，起病年龄较青春型及紧张型晚。其临床表现相对稳定，常以偏执性的妄想为主，往往伴有幻觉。而情感、意志和言语障碍及紧张症状不突出，或情感迟钝、意志缺乏等“阴性”症状虽也常见，但不构成主要临床相。自发缓解者少，治疗效果较好。

(2) 青春型精神分裂症：较常见。此型多始发于 15~25 岁之间的青春期，起病较急，病情发展较快。主要症状是思维内容离奇，难以令人理解，思维破裂。情感改变突出，喜乐无常，表情做作，傻笑、不协调。行为幼稚、愚蠢、作鬼脸，常有兴奋冲动行为及本能意向亢进。幻觉妄想片断零乱，精神症状丰富易变。预后较差，部分患者“阴性”症状发展迅速。

(3)紧张型精神分裂症：发达国家资料及我国资料均说明本类型已大为减少，原因未明。一般起病急，多在青壮年期发病。主要临床相为患者言语运动受抑制，表现为木僵状态或亚木僵状态，紧张性木僵可与短暂的紧张性兴奋交替出现，主要症状有言语缄默，紧张性木僵、违拗、蜡样屈曲、倔强症、被动服从和持续言语、紧张性兴奋表现为突发而短暂性剧烈的兴奋发作，无目的地砸破东西。本型可有自发缓解，治疗效果较其他型好。

(4) 单纯型精神分裂症：较少见，本型青少年起病，发病缓慢，持续进行，病情自发缓解者少，早期可出现类神经衰弱症状，但自知力差，不主动就医。主要临床表现为日益加重的孤僻、被动、生活懒散、兴趣丧失、情感淡漠及行为古怪。由于妄想和幻觉等精神病性症状不明显，往往不易早期发现，是难于确定诊断的一个类型。在治疗上较困难，对抗精神病药不敏感，故预后最差。

(5)未定型精神分裂症：临床上不符合上述四型，部分症状同时存在或难以分型者。并不少见，又称混合型。

(6)精神分裂症后抑郁：当精神分裂症症状部分或大部分已控制后，部分患者出现抑郁状态，可持续较久。

(7)残留型精神分裂症：精神分裂症阳性症状已基本消失，残余个别阳性症状，个别阴性症状，人格改变，社会功能恢复较好。

(8)衰退型精神分裂症：以精神衰退为主要临床表现，社会功能严重受损，成为丧失劳动能力的精神残疾。

(9)其他型精神分裂症：符合精神分裂症诊断标准，但不符合上述八个亚型的诊断标准者。

(四)诊断标准

精神分裂症的诊断主要根据临床特点，当前诊断建立在临床学基础上。限于现象学诊断，尚无肯定的实验方法协助诊断。

1. 诊断要点如下

(1)包括可靠的病史与精神检查，患者表现有特征性的思维和知觉障碍，情感不协调、平淡以及意志活动缺乏等症状。

(2)社会适应能力下降，包括社交、日常生活、工作和学习。

(3)意识清晰，智能完好，但自知力不全或丧失。

(4)病程有缓慢发展，迁延不愈的趋势，活动期精神病性症状持续不短于1个月，包括前驱期症状不短于3个月。

2. 无特殊阳性体征。

3. 鉴别诊断 本病需要与下列疾病进行鉴别：

(1)神经衰弱：主要与精神分裂症单纯型鉴别，鉴别要点为单纯型患者无自知力，无治疗要求。

(2)强迫性神经症：精神分裂症患者的强迫症状内容较荒谬离奇、多变，患者对强迫性体验的情感不鲜明，自知力不完整，求治不主动。

(3)躁狂症：急起发病并表现为兴奋话多的精神分裂症青春型，应与躁狂症鉴别。前者多为不协调性言语运动性兴奋；后者为协调性精神运动兴奋。

(4)抑郁症：精神分裂症的紧张性木僵应与抑郁性木僵鉴别。前者接触困难、表情呆板，情感淡漠；后者是严重抑郁之情感活动。

(5)反应性精神病：精神分裂症偏执型应与反应性妄想状态相鉴别。后者有精神刺激因素，患者病情围绕起病的精神刺激，情感反应鲜明，愿谈创伤后的情感体验，令人同情。

(6)偏执性精神病：本症偏执型患者的妄想内容可变化不定或往往是荒谬或离奇、可自相矛盾。即可不固定，也欠系统性、多伴有幻听。而偏执性精神患者以系统妄想为主要症状，内容比较固定，很少伴有幻觉，如有短暂幻觉也与妄想联系较密切，在不涉及妄想情况下，不表现明显的精神异常。

(7)症状性精神病(指躯体、感染、中毒所致的精神障碍)：症状性精神患者常见意识障碍，症状有昼轻夜重的波动性，可有恐怖性的幻视，均有助于鉴别诊断。

(8)脑器质性精神病：脑器质性精神病具有智能障碍与相应的神经系统阳性体征。尤应警惕近年来较多见的散发性脑炎。主要表现为亚木僵状态，部分患者神经系统体征出现比精神症状晚，脑电图呈弥散性异常，仔细观察与分析，可有不同程度意识障碍，小便失禁等。

(9)分裂情感性精神病：只有在疾病的同一次发作中，明显而确实的分裂性症状和情感性症状同时出现或相距时间很近，因而该发作既不符合精神分裂症，亦不符合抑郁或躁狂发作的标准，此时方可作出分裂情感性障碍的诊断。

(10)人格障碍：分裂型、分裂样、边缘型及偏执型人格障碍应与精神分裂症加以鉴别诊断。人格障碍一般没有精神症状，即使有一些也是短暂的，主要应从患者的人格发展过程去分析，且缺少病程性的临床过程，这对鉴别诊断是极为重要的。

(五)治疗方法

抗精神病药物治疗是精神分裂症首选的治疗措施，药物治疗应系统而规范，强调早期、足量、足疗程，注意单一用药原则和个体化用药原则。一般推荐第二代(非典型)抗精神病药物如利培酮、奥氮平、奎硫平等作为一线药物选用。第一代及非典型抗精神病药物的氯氮平作为二线药物使用。部分急性期患者或疗效欠佳患者可以合用电抽搐治疗。

(六)典型案例

患者，女，48岁，工厂普通职工。已婚，育有一儿一女，儿女都在外地上大学。患者个性方面本身就有敏感多疑的一面，总是会担心自己什么事情没做好会被别人指责，所以人际关系相对比较疏离，但以往邻里关系基本正常。3个月前无原因地开始觉得周围邻居议论自己，说自己"勾引男人，做小三"，曾经为此事数次跟邻居吵架。经调查，邻居确实没有说过这种话，她自己也没有与任何其他异性交往过密的情况。家人劝说，邻居来解释，均无法消除其坚信邻居议论自己的想法。后来，还出现了她怀疑邻居跟踪她，给她"身上装了高科技窃听器，可以监听自己的一举一动，甚至思想都可以被别人监听到"。而且，认为别人"给自己脑子里中装了遥控引爆装置，如果去报警，就会引爆，炸死自己"。为此，她曾经跑到邻居家，跪下求人家"把监控器拿出来"。在被邻居拒绝并赶出别人家门以后，情绪彻底崩溃。在楼下大哭不止，打"110"电话报警。警察赶到了解情况后，联系其家人，将她送到精神专科医院进行检查。

经精神科医生初步问诊发现：患者意识混乱，叙述欠条理，存在"坚信别人在自己身上装了窃听器和遥控炸弹，可以监听她的一举一动甚至思想，并且可以随时引爆炸弹危及她的生命"等物理影响妄想和被害妄想症状，考虑诊断为精神分裂症偏执型。鉴于患者有高度的恐惧、亢奋等症状，存在一定的风险，遂收住院接受治疗。给予奋乃静 60mg/d，并配合中成药治疗。住院 4 周后，幻觉妄想情况基本得到控制，出院，嘱其回家继续服药，并且配合心理治疗。

在心理科门诊接受认知行为治疗 10 次。前 3 次主要是了解病情和建立关系。在这个阶段，对患者的叙述给予充分倾听和理解，允许她表达和宣泄自己的情绪。在关系建立良好之后，帮助其分析自己的人格特点，促使其领悟是自己"敏感多疑"的人格特点，导致了自己过分在意别人的行为，并且与自己联系起来，但是，这些联系都是缺乏事实依据的。患者渐渐领悟到，生活中绝大多数时候，自己所担心的事情事实上并不是自己想的那样，而这次的发病，正是与自己的"过度思虑，过度担心有关"。应该改变过去那种"认为别人都会观察自己，评判自己"的想法，让自己过更加自由和放松的生活。

第 4~8 次，是治疗阶段。主要是要求她记录自己每天的担心，对别人的怀疑等，并且学会"像个侦探一样去调查，要找到证据。证据可以支持，也可以推翻自己原来的怀疑，这才是一个真正专业的侦探"。每天都为找到了"推翻自己怀疑事件的证据"而感到高兴，因为这证明自己的生活其实并没有那么糟。如果有蛛丝马迹证明自己的担心可能是真的，也需要用开放的观点想这种表现可能出现的其他原因，特别是一些积极的原因。比如她一天在菜场买菜时碰见了一个邻居，她没主动跟别人打招呼，人家也没有主动跟她打招呼，甚至都没有看她。她觉得别人肯定是嫌弃她，觉得她是精神病，不愿意与她说话。从而，可能全楼甚至全厂的人都会知道她是精神病，然后大家就都不跟她说话了。咨询师首先帮她认识到，到底是不是全厂的人都不跟她讲话还是这仅仅是一个孤立的事件？她也意识到这只是一个孤立事件，自己所在小组的成员对自己似乎没有什么改变，甚至有两个人还比过去更关心自己了。然后，即便是对于这次发生的事情，那个邻居很可能真是没看到自己。或者，她自己都没打招呼，所以人家也觉得没必要非得打招呼，避免她自己尴尬等。其他可能性的解释会让她觉得释然了不少。在治疗阶段，以"长期服用药物有可能会影响到身体的功能，所以要参加一些体育锻炼促进身体的恢复"为理由，跟她探讨了参加一些体育锻炼和社会活动的可能性。她自己决定去参加小区门口的广场舞，因为那里有两个她的朋友，每天都会去，朋友也已经叫过她好几次了，也许她可以去试试看。在第 7 次治疗之后，她已经可以每周稳定地去跳 3~4 次广场舞了，甚至还叫上了她的老公一起去，也促进了夫妻关系的和谐。

第9和第10次是评估和巩固阶段。在这个阶段,与患者分析了她前几个月进行治疗的收获,观察自己生活和心理状态的改变。患者表示,虽然自己偶尔还是会有些担心别人会议论自己,但是想到自己还有好几个朋友,还有爱着自己的老公和孩子,就可以选择不去管她们议论不议论了,反正自己的生活自己感觉好就行了。自己现在有了新的活动"跳广场舞",而且还因此结交了几个朋友,也多了很多生活的乐趣,少了很多"一个人待在家里胡思乱想的时间",自我感觉整个人都在逐渐变好。治疗师与患者讨论了将来万一再遇到过度担心的情况应该怎么办,患者表示会再来咨询室跟医生谈谈。至此,患者的精神症状已经基本消失,社会功能恢复到正常,治疗结束。叮嘱其在后续半年,每月来心理科复诊一次。

第四节 其他心理疾病

一、睡眠障碍

(一) 概论

正常人对睡眠的需求因年龄、个体差异而不同。新生儿每天平均睡眠16h,儿童一般为10h,成人为6~8h,老年人则睡眠的需要更少。睡眠质量对健康的影响较睡眠时间更为重要。在异乎寻常的创伤性事件(如自然灾害、战争、严重事故、身受酷刑等),大多数人都会出现不同程度的睡眠障碍,睡眠障碍通常分为四大类:睡眠的启动与维持困难(失眠)、白天过度睡眠(嗜睡)、睡眠-觉醒周期紊乱、睡眠中异常活动与行为(睡行症、夜惊、梦魇)。

根据汶川地震灾区灾民睡眠障碍流行病学的调查,在受调查的14 189名灾民中睡眠障碍的患病率为0.81%,女性患者明显多于男性患者,60~79岁患病率最高。

本节的诊断标准均参照《中国精神障碍分类与诊断标准》(第3版)(CCMD-3)。

(二) 失眠症

1. 概述 失眠症是指睡眠启动和睡眠维持障碍,致使睡眠质量不能满足个体需要的一种状态。失眠有多种形式,包括入睡困难、睡眠不深、易醒、多梦早醒、再睡困难、醒后不适或疲劳感、或白天困倦。失眠可引起焦虑、抑郁情绪,或恐惧心理,并可导致精神活动效率下降以致影响社会功能。

总体上看,青年人失眠患病率为10%,中年人为20%,65岁以上老年人为35%~50%。尽管患病率如此之高,但因失眠问题就诊的患者只占5%。中华医学会精神病学分会(2001)在北京、上海等6个省市,初步统计显示,45.4%的被调查者存在不停程度的失眠，近年来对就诊者的病因分析表明，约 70%~80% 的失眠症与心理障碍有关。

2. 发病机制

(1) 急性应激：主要有一过性兴奋、思虑、精神紧张、近期居丧、躯体不适、睡眠环境改变、时差反应等。创伤性事件发生后个体由于创伤性体验的反复出现或由此产生的焦虑、抑郁严重影响正常的睡眠，若得不到及时调整，失眠持续 1 个月以上就转变为慢性失眠。

(2) 药物引起的失眠：兴奋性药物可引起失眠，如咖啡因、茶碱、甲状腺素、可卡因、皮质激素和抗帕金森病药。某些药物对睡眠与干扰作用，如肾上腺素类药物常引起头疼、焦虑、震颤等。镇静作用的药物引起的觉醒－睡眠节律失调。

(3) 心理性失眠：是由于过度的睡眠防御性思维造成的，由于过分关注自己的入睡困难，担忧，以至于思虑过度、兴奋不安或焦虑烦恼。此类失眠约占失眠总数的 30%。

(4) 精神疾病引起的失眠：精神疾病引起的失眠，如躁狂症因昼夜兴奋不安而少眠或不眠以及抑郁症导致的早醒。

3. 临床表现　失眠主要表现为入睡困难、睡眠不深、易醒或早醒、醒后再次入睡困难，还有些患者表现为睡眠感的缺失。以入睡困难为主要表现的常见于以焦虑情绪为主的患者。对失眠的恐惧和对失眠所致后果的过分担心会加重失眠，失眠者常陷入这样的恶性循环。长期失眠可导致情绪不稳、个性改变。长期以饮酒或使用镇静催眠药物来改善睡眠者还可引起酒精和药物依赖。

4. 诊断标准　诊断标准如下：

对非器质性失眠的诊断需要考虑以下问题：

(1) 主诉为入睡困难、难以维持睡眠或睡眠质量差。

(2) 这种睡眠紊乱每周至少发生三次并持续 1 个月以上。

(3) 日夜专注于失眠，过分担心失眠的后果。

(4) 睡眠量和质的不满意引起了明显的苦恼或影响了社会及职业功能。

鉴别诊断：需排除其他躯体疾病，如周围神经炎、脊髓炎、风湿性关节炎；也要排除精神障碍症状导致的继发性失眠，如广泛性焦虑障碍常表现为入睡困难，抑郁症常表现为早醒。

5. 治疗方法

(1) 药物治疗：目前，在普通人群中估计有 2.7% 的男性和 5.5% 的女性通过服药解决睡眠问题。常用药物包括苯二氮䓬类药物、短效药物如三唑仑以及长效药物氟西泮等。虽然药物能够迅速缓解睡眠障碍，但从长远看，必须通过心理学方法使个体改变生活方式等举措才能取得更好的效果。

(2)心理治疗

1)认知行为治疗:行为疗法通过帮助患者建立快速入睡和卧室与床之间的条件反射联系,具体方法包括刺激控制技术、自由想象训练、放松训练等。认知疗法通过改变患者对睡眠不合理的信念和态度使其不再害怕失眠,减少睡眠前的焦虑,从而自然入睡。

2)心理疏导疗法:心理疏导疗法在对失眠的治疗中强调,失眠本身不可怕,对失眠过分关注,失眠以后的过分焦虑、恐惧、担心、自己吓唬自己的一系列想象和不良自我暗示才是对一个人影响最大的,是导致持续失眠的主要原因。疏导疗法提出两种方式应对失眠:①少想多做,用正常的事情转移对失眠的忧虑和关注。如看书、上网等。②采取逆向思维,挑战对失眠的恐惧,砸碎对睡眠的过多的要求。最终不断矫正自己在失眠方面的过头性格,进入良性循环。

(三)嗜睡症

1. 概述 嗜睡症又称原发性过度睡眠。指白天睡眠过多。国外报道嗜睡障碍占睡眠障碍的5%~10%,成人日间嗜睡约为0.5%~5%,原发性嗜睡的终身患病率约为16%(APA,2 000)。

2. 临床特征 与失眠表现为睡眠不足相反,嗜睡症则表现为睡得过多。患者常常白天出现睡眠过度或睡眠发作,或达到完全觉醒状态的过渡时间过分延长。他们并不像失眠症患者那样抱怨夜间睡眠不足,他们的夜间睡眠仍然正常,但他们第二天醒来后仍然觉得睡眠不足,需要睡觉。

3. 诊断标准 CCMD-3关于嗜睡症的症状标准:

(1)白天睡眠过多或睡眠发作。

(2)不存在睡眠时间不足。

(3)不存在从唤醒到完全清醒的时间延长或睡眠中呼吸暂停。

(4)无发作性睡病的附加症状(如猝倒症、睡眠瘫痪,入睡前幻觉、醒前幻觉等)几乎每天发生,并至少1个月。

4. 治疗方法

(1)药物治疗:用药原则是个体化、不同症状使用不同药物、严格用药剂量和服药时间。白天嗜睡可采用小剂量中枢兴奋剂,如哌甲酯。

(2)行为治疗:严格遵守作息时间,白天增加活动以克服过度嗜睡从而改善夜间睡眠。可要求患者记录瞌睡时间,检查患者未能遵守制定的睡眠时间、忘记服药和其他使情况恶化的行为,通过奖励和惩罚的方式,规范其作息时间。

(四)睡眠-觉醒节律障碍

1. 概述 睡眠-觉醒节律障碍时指睡眠-觉醒节律与所要求的不符,导致对睡眠质量的持续不满状况,患者对此有忧患或恐惧心理,并引起精神活动效率下降,妨碍社会功能。本病多见于成年人,儿童期或青少年期发病者少见。

2. 发病机制

(1)生活节律失常:常出现于夜间工作和生活无规律的人群中,生活节律失调所致的生物钟、大脑动力定型的改变所导致的脑功能紊乱,引起睡眠-觉醒节律障碍。

(2)心理社会压力:约1/3患者病前发生重大生活事件,如人际关系、学习负担、求职、环境变化、重大创伤性事件、灾难性事件等造成的压力产生的焦虑、抑郁等情绪,可推迟入睡时间、易醒、早醒而使整个睡眠节律结构紊乱。

3. 临床特征　睡眠-觉醒节律紊乱、反常。有时睡眠时相延迟,比如患者常凌晨入睡,下午醒来;有的入睡时间变化不定,总睡眠时间也随入睡时间的变化而长短不一;有时可连续2~3d不入睡,有时整个睡眠时间提前,过于早睡和过于早醒。患者多伴有忧虑或恐惧心理,并引起精神活动效率下降,妨碍社会功能。

4. 诊断标准

(1)患者的睡眠-觉醒节律与所要求的(即与患者所在环境的社会要求和大多数人遵循的节律)不一致。

(2)为此患者明显感觉到苦恼或社会功能受损。几乎每天都发生,并至少持续1个月。

5. 治疗方法　主要调整患者入睡和觉醒的时间以恢复正常节律。可逐步调整或一次性调整立可达到正常的作息时间并需不断巩固、坚持下去。为防止反复,常需要结合药物巩固效果。

(五)夜惊

1. 概述　夜惊指一种常见于儿童的睡眠障碍,主要为反复出现在睡眠中突然醒来并惊叫的症状。主要表现为睡眠中突然惊叫、哭喊,伴有恐惧表情和动作,以及心率增快、呼吸急促、出汗、瞳孔扩大等自主神经兴奋症状。通常发生在睡眠前三分之一阶段,每次发作约持续1~10min,发作后对发作时的体验完全遗忘。

大约有5%的儿童经历过夜惊,一般始于4~12岁间,并在青春期逐渐自然缓解。成年人发病率低于1%,一半始于20~30岁间,并会持续多年,其频率与严重程度可以有所变化。

2. 临床特征

(1)通常以尖厉的叫声开始,并有反复发作的趋势,夜惊中孩子感到极其不安,常常大汗淋漓,心率加快。表面上看夜惊和梦魇似乎很相似(孩子哭喊并感到害怕),但夜惊发生在NREM睡眠期,因此不是由于可怕的梦境所致。

(2)夜惊一般会持续1~10min,并伴有自动觉醒,以及体现极度恐慌的行为表现。

(3)在夜惊发作期间,儿童不易被唤醒,且常感到不适,有如在梦魇中。

(4)尽管患者的症状对观察到的人影响很大,但他们自己往往不能回忆夜惊的过程,患者常常记不起刚刚做过的梦,或只记得起一些片段。大多数在被惊醒之后,患者不会立即醒来,而是会继续睡觉,患者醒来时会出现对梦境的完全遗忘。

3. 诊断标准 在诊断时,需要排除器质性疾病(如痴呆、脑瘤、癫痫等)导致的继发性夜惊发作,也需要排除热性惊厥和癫痫发作。

4. 治疗方法 夜惊的治疗方法与睡行症相似。主要是为了减少引起夜惊的相关心理社会因素,部分患者可使用镇静药物和抗抑郁药物治疗,可辅助心理治疗。

(六)梦魇

1. 概述 梦魇是指睡眠中被噩梦惊醒,且对梦境中的恐怖内容能清晰回忆,并心有余悸的一种睡眠障碍。通常在夜间睡眠的后期发作。梦魇在儿童,特别是那些遭遇了严重的社会心理应激的儿童身上发生率较高。10%~50%的3~5岁儿童报告出现过梦魇。尽管梦魇的内容会有所差异,但不同年龄段的人其基本表现却是相类似的。另外,女性报告出现梦魇的比例是男性的2~4倍。大多数出现梦魇的儿童最终会好转,但也有少数人会持续到成人期,甚至延续一生。

2. 临床特征

(1)梦魇最大特点是反复出现一些让人感到恐怖的噩梦。梦的内容以感到将出现某种躯体危险(如被追赶、被抢劫、被伤害等)为主,如被猛兽追赶,突然跌落悬崖等;也有感到自己面对失败或感到困窘等场面;还有重物压身,不能举动,欲呼不出,恐惧万分,胸闷窒息等。

(2)儿童在白天听恐怖故事后可发生梦魇,成人在应激事件,如遭遇抢劫、强暴等灾难性事件后,可经常发生噩梦或梦魇。睡觉姿势不当、某些药物如镇静催眠剂也常引起梦魇。

3. 治疗方法 偶尔发生的梦魇属于自然现象,不需处理。对发作频繁者,应予以干预。首先,要对因处理,如睡前不看恐怖性书籍和电影,缓慢停用安眠药、保持良好的睡姿。由生活应激事件引起的梦魇,应当积极进行心理疏导,使患者了解梦魇产生的原因,正确认识梦魇以消除恐惧心理。必要时可采用催眠、自由联想等方法,采用精神分析的方法,对梦境进行潜意识层面的处理,从而解决内部冲突,有效缓解梦魇对患者的困扰。

(七)典型案例

【一般资料】女,21岁,大三学生。家中排行老大,有一弟一妹。父亲在其高一时因心脏病突发去世,妈妈带着姊妹三个生活。身体健康,无重大躯体疾病,无家族精神病史。

【主诉】高二起，恐惧失眠导致顽固性失眠近5年，每天只能入睡4~5小时。

【个人陈述】在小学四年级时，爸爸有一次因误会而打了自己，之后还不道歉，从此自己就再也没有喊过一声爸爸。虽然之后几年，爸爸对自己很好，但自己一直没有原谅他。高一时，爸爸心脏病猝发，当自己回家看到他时，他已经没有意识了。之后自己就特别后悔，感觉自己很不孝顺，自责。父亲去世之后，自己的睡眠就开始受到了影响，经常胡思乱想，常想与爸爸相关的事情，总会想到爸爸的好和自己的不好，睡眠有些紊乱，但失眠并不严重。高二时，学习压力加重，有两天没有睡好，就开始关注睡眠。几天之后，有一次，突然想到"我以后要总是睡不好怎么办？"从此掉入了恐惧的漩涡。越怕失眠越失眠，越关注，入睡越困难。后来，每天晚上11点多上床，要到一两点才能睡着，而早上五六点就醒了，醒后难以入睡。越来越无助，不知道如何走出这个不良循环。

【咨询师观察】来访者求助欲望很强，甚为失眠烦恼，也为自己对待爸爸的态度内疚。

【评估与诊断】根据CCMD-3，诊断为失眠症。

【咨询目标】缓解失眠症状，处理心理创伤。

【咨询方案的制定】心理疏导疗法、完形疗法(空椅子技术)。

疏导疗法认为，神经症患者的很多"怕"都是虚假空的，均源于不良性格，如过分严谨、认真、完美主义、悲观等。因对失眠的恐惧而导致的顽固性失眠也是如此。

在本案例中，主要运用的疏导疗法理念是"少想多做"，通过反其道而行之的方式克服对失眠的恐惧。让其认识到对失眠的"怕"是虚假空的，你越关注，"怕"就显得越强大，你就会越恐惧。以"不睡"为手段挑战怕字，不是真的让自己不睡，而是通过挑战，克服怕字，达到"睡得更好"的目的。当你不那么怕了，就会睡得越来越好。

心理疏导治疗的模式是："不知→知→实践→认识→效果→再实践→再认识→效果巩固"。在本案例的疏导治疗中，特别重视心理教育和案例示范。在心理教育中，为其讲述了失眠恐惧的病因和一般规律，并重点阐述"怕"的本质和特点。这样，让患者自己做到心中有数，建立初步的自信心。相信心理治疗是有效的，同时培养患者自我认识和自我矫正能力，这也是建立良好的治疗关系和取得疗效的基础。通过案例示范，典型病例不但能让患者产生同病相怜、并肩战斗的感受，而且能极大地鼓励患者治愈的信心和治疗能动性。同时，同类案例能起到很好的榜样作用，便于患者模仿实践。

"空椅子技术"，是完形疗法常用的一种技术，是使来访者的内射外显的方式之一。本案例咨询通过空椅子技术，帮助处理了来访者与其亡父的关系，效果较好。

【咨询过程】每周一次，每次50分钟。其中第3~4次之间，间隔4天。

第1次：了解求助者信息，建立咨询关系。求助者也叙述了和爸爸的关系，表达了内疚之情。表达时，求助者很难过，痛哭流涕，咨询师给予了完全的接纳和共情。

第2次：求助者再次表达了对爸爸的内疚之情。介绍了关于睡眠障碍的基本知识，让其了解症状与自己过头性格的关系，为下一步实践打下基础。

第3次：为其介绍一个睡眠障碍的典型案例，详细介绍了一个类似的睡眠障碍病例，具体地介绍该求助者的病情、症状与治愈的过程和情况。并且让其阅读该患者的反馈材料（隐去个人信息），让患者从他人的反馈和心路历程中，汲取经验和力量。

咨询结束时，布置了家庭作业，从该日晚上开始挑战对失眠的恐惧。如何挑战呢？咨询师建议她"从今天晚上开始挑战，拼一下，反其道而行之——不让自己睡，看看会如何？就半躺在床上，上上网、看看书或杂志等，都是'做'的好方式，通过这种方式转移对失眠的过分关注。如果不小心睡着了，就提示自己不能睡，把自己搞醒，看你能把自己搞醒几次？看你能坚持几天。当然，要做好一分钟都不睡的准备。即使一分钟都没睡，明天该几点起来，还几点起，该吃饭吃饭，该上课上课！而且不要午睡，再难受也顶着。"让她坚持挑战2周，看看会怎么样？并且建议她每天记日记。她同意试试。

当然，咨询师让她"不睡"，就是让她挑战自己的"怕"——怕失眠，怕失眠导致的诸多后果。现在主动出击，采取逆向思维，反其道而行之，通过"不睡"去挑战它。通过这种看似极端的方式把自己的"怕"击碎掉。

第4次：在第3次咨询的4天之后，她带着日记前来咨询。她的执行力很强。

这四天，每天晚上，她都坚持"让自己不睡"的挑战。第一天晚上，一分钟都没睡着，一直在用笔记本电脑，看看资料，写写感想。第二天早上按时下床。感觉"头疼、恶心，想吐"，但勉强自己吃了点早饭。当日坚持上课。第二天晚上继续挑战，但到了晚上11点多，提醒自己两次后，竟然睡着了，就斜靠在床上，一下睡了五个多小时。第三天、第四天，坚持挑战，结果都睡着了，大约5~6h。

第5次：7d之后，她已经坚持挑战"让自己失眠"11d了，这7d中，每晚都睡着了，除了一晚只睡4h不到，其余时间都在6h左右。她现在基本上不太恐惧了，咨询师建议她可以停止挑战了。恢复自然状态，能睡就睡，睡不着就不睡。

第6~7次：求助者反馈，睡眠基本保持在6h左右，有几天能睡7个多小时，上床到入睡一般半小时左右。但对失眠的恐惧已经基本消失。这两次咨询，再次触及了其与父亲的关系。第六次咨询，通过空椅技术，让其与父亲进行了对话。

咨询结束,鼓励其假期可以去墓地扫墓,把心里话对父亲说说。

【咨询效果的评估】4个月后随访,咨询结束后的3个月中,睡眠一直挺好。她每天能睡六个小时左右,这对身陷失眠痛苦多年的她来说,感觉非常好。后来,到异地上学,她的睡眠又有些紊乱,失眠恐惧又有所抬头。她自己有意进行了挑战,两三天后,恐惧基本消除,睡眠基本恢复正常。

二、疑病障碍

(一)概述

疑病障碍又称疑病症,是指患者以担心或相信自己患有某种严重躯体疾病的持久性优势观念为主,因此反复就医,各种医学检查阴性和医生的解释均不能打消其疑虑。

其主要临床表现是担心或相信自己患有某种严重的身体疾病。患者对自身的健康状况或身体的某一部分过分关注,其关注程度与实际健康状况很不相称,经常诉述不适,并四处求医,但各种客观检查的正常结果和医师的解释均不能打消患者的疑虑。

不同疑病障碍患者的症状表现不尽一致,有的主要表现为疑病性不适感,常伴有明显焦虑抑郁情绪;有的疑病观念突出,而躯体不适或心境变化不显著,有的怀疑的疾病较模糊或较广泛,有的则较单一或具体患者的疑病观念很固执,虽然缺乏充分根据。但不是妄想,也从未达到荒谬的程度、患者大多知道患病的证据不充分,但同时又坚信自己患有该种疾病,因而希望通过反复的检查以明确诊断并进一步治疗,患者常为自己所罹患的某种疾病感到苦恼。

(二)发病机制

心理动力学理论认为,该病患者往往酷爱探究自己内在心理。因此,常坚持某种躯体性病因,认为该病主要由心理因素造成。疑病症状可继发于多种精神疾病,如抑郁症、焦虑症、强迫症、神经衰弱、精神分裂症等。也可继发于躯体疾病,如脑器质性疾病、慢性内脏器质性疾病。具有疑病性格特点的人,在患上述疾病时容易出现短暂的疑病症。半数以上患者发病有诱因,这些因素包括环境的变迁(如退休、子女的离别)、某些生理条件的改变(如月经初潮、绝经期等)、医源性影响(如医生的话容易引起患者的疑虑)、躯体疾病后、自我暗示或条件联想(如见友人死于胃癌,使患者对轻微的胃部不适过分关切),或有不洁性行为担心染上性病而产生焦虑和恐惧等。有些病例的疑病症状产生于过度紧张疲劳或受到挫折之后,这时患者身份有利于摆脱困境,取得心理平衡。如果患者的疾病行为得到亲友和医务人员的支持与强化,则各种症状可进一步固定下来。家族遗传的研究尚无定论,有同一家族中几个成员同时患病的报道,这些患者均有相同的人格类型。

1. 人格基础 孤僻、内向，对周围事物缺乏兴趣，对身体变动十分关注。具有自恋倾向的人格特征，可成为疑病症发病的人格基础。具有敏感多疑、易受暗示、性格内向的人，在患躯体疾病时易出现短暂性疑病症。患者过分关注来自内脏和肢体的各种感觉。对医药知识特别感兴趣，容易受医生和医书的影响，听说或看见别人患病容易感到自己也有类似症状，患病时过分担心害怕。不少疑病症患者依赖性突出，对父母依赖很容易转移到医生，易激惹、易紧张和易烦恼等气质特点也常见。

2. 社会心理因素 如婚姻的改变，子女的离别，朋友交往减少，孤独，生活的稳定性受到影响，缺乏安全感，均可成为发病的诱因。有一部分患者系医源性的，医生不恰当的言语，态度和行为而引起患者的多疑，或者医生作出诊断不确切，反复令患者作些检查，则造成患者产生怀疑患有某种疾病的信念。有一部分患者，在躯体疾病以后，通过自我暗示或联想而疑病。

3. 躯体因素 一些人有体质上弱点，如自主神经功能不稳定，容易伤风感冒等。处于青春期或更年期的人，较容易出现自主神经不稳定的症状，如心慌、潮热等。对这类生理现象过分敏感、关注，甚至曲解，可以促成疑病观念。

4. 心理因素 有人认为疑病症起源于直觉和认知异常。患者常夸大正常的感觉，对思想、情绪引起的躯体症状做出不当的解释，导致疑病观念。

（三）临床特征

疑病症主要指本病患者担心或相信患有一种或多种严重躯体疾病的持久的先占观念，患者诉躯体症状，反复就医，虽然经反复医学检查阴性和医生的解释没有相应疾病的证据也不能打消患者的顾虑，常伴有焦虑或抑郁。对身体畸形的疑虑或先占观念也属于本症。

最初往往表现为过分关心自身健康和身体任何轻微变化，做出与实际健康状况不相符的疑病性解释，伴有相应的疑病性不适，逐渐出现日趋系统化的疑病症状。疑病症状可为全身不适、某一部位的疼痛或功能障碍，甚至是具体的疾病。症状以骨骼肌肉和胃肠系统多见；就部位而言，以头、颈、腹部居多。常伴有焦虑、忧虑、恐惧和自主神经功能障碍症状。这种疑病性烦恼是指对身体健康或所怀疑疾病本身的纠缠，而不是指对疾病的后果或继发性社会效应的苦恼。患者也知道烦恼于健康不利，苦于无法解脱、不能自拔。四处求医、陈述病情始末，又不相信检查结果和医生的解释或保证。有的患者仅表现为特殊嗅觉异常或自身形态奇异等单一症状的疑病症。

1. 疑病症状态有两种表现 一为疑病感觉，感觉身体某部或对某部位的敏感增加，进而疑病，或过分的关注。患者的描述含糊不清，部位不恒定。但另一种患者的描述形象逼真，生活具体，认为患有某种疾病，患者本人自己也确信实际上并不存在，但要求各种检查，要医生同情，尽管检查正常，医生的解释与保证并不足以消除其疑病信念,仍认为检查可能有误。于是患者担心忧虑,惶惶不安,焦虑,苦恼。此为一种疑病观念,系一类超价观念。带强烈的情感色彩。

2. 疼痛是本病最常见症状　约有2/3的患者有疾病症状,常见部位为头部、下腰部或右髂窝。这种疼痛描述不清,有时甚至诉全身疼痛,但查无实据,患者常四处求医辗转于内外各科,毫无结果,最后才到精神科,常伴有失眠、焦虑,和抑郁症状。

3. 躯体症状表现多样而广泛　疑病症患者症状表现涉及身体许多不同区域,如身体内有一种特殊味道。恶心、吞咽困难、反酸、胀气、腹痛、心悸、左侧胸痛、呼吸困难,担心患有高血压或心脏病。有些患者怀疑五官不正,特别是鼻子,耳朵以及乳房形状异样,还有诉体臭或出汗等。

(四)疑病症的诊断鉴别

1. 疑病症的诊断

(1)符合神经症的诊断标准。

(2)以疑病症状为主要临床象,表现为下述的至少一项:

1)对身体健康或疾病过分担心,其严重程序与实际健康情况很不相称。

2)对通常出现的生理现象和异常感觉作出疑病性解释。

3)牢固的疑病观念,缺乏充分根据,但不是妄想。

(3)反复就医或反复要求医学检查,但检查结果阴性或医生的合理解释不能打消顾虑。

(4)排除强迫症、抑郁症、偏执性精神病等诊断,疑病症状不只限于惊恐发作。

2. 疑病症的鉴别

(1)抑郁症:最常伴有疑病症状,如为重性抑郁症状,尚有一些生物学方面的症状,如早醒性失眠,昼重夜轻的昼夜节律的改变,体重减轻,及精神运动迟滞,自罪自责等症状可资鉴别。隐匿性抑郁症应特别注意与疑病症相鉴别,隐匿性抑郁症以躯体症状掩盖了抑郁症的本质,但往往经过抗抑郁治疗常能获得显著的疗效,而疑病症则较困难。

(2)精神分裂症:早期有疑病症状,但其内容多为离奇,不固定,有思维障碍和常见的幻觉和妄想,患者并不积极求治,可以鉴别。

(3)其他神经症:如焦虑症、神经衰弱和抑郁性神经症均可有疑病症状,但这些疑病症状均系继发性的。而疑病性神经症则其疑病症状为原发或首发症状。注意症状发生的顺序,结合临床的特点,不难鉴别。

(五)治疗方法

以心理治疗为主,药物治疗为辅。

1. 心理治疗　开始要耐心细致的听取患者的诉述,让他们出示各种检查结果,持同情关心的态度,尽量不要挑动患者的症状或要他们承认疑病是不可信,这样往往适得其反，弄巧成拙，应尽量回避讨论症状，与患者建立良好的关系。可取得亲属的协助，在患者信赖医生的基础上，然后引导患者认识疾病的本质，不是什么躯体疾病，而是一种心理障碍，这种心理障碍就需要用心理的办法去治疗。如果患者的暗示性很高，可以作一些暗示疗法。可获得戏剧性的效果。但如果失败，则就增加了治疗的困难。另外，环境的转移，生活方式的改变，转移患者的注意力，引导患者作另一种有趣的事情，也可获得一定的改善。

2. 药物治疗 为了消除患者的焦虑、抑郁、失眠等症状，可酌情应用地西泮和三环类抗抑郁剂。近来有人报告哌迷清（pimozide）治疗单一的疑病症状有效，剂量为2~8mg/d，可以试用。有人报告治疗效果并不明显。

急性起病者预后颇佳，如抑郁症和焦虑症伴有疑病症状，或在其他疾病的基础上发病，则预后好。一般病程在2年以上者，多演变为慢性迁延，预后与下列因素有关，有明显精神因素，患者满怀信心，努力求治者，预后好，具有疑病性格者，易为慢性，信心不足，则预后不佳。

（六）疑病症典型案例

1. 案例事件 程序员D，男，39岁，电脑技术人员。

公司内一位28岁的电脑程序员C，由于过劳死，在电脑前去世。最近两个月程序员D自觉身体健康开始出现问题。去内科门诊，一位年轻的医生告诉他可能是休息不好饮食不规律引起的浅表性胃炎，并开了些内服药。可是，服药后病情并没有好转的迹象，从此他就认为自己脊柱是不是出了问题。接着他又出现腹部不适，开始认为自己肯定得了绝症，于是终日惶恐不安。不停地更换医院检查身体，从内科、神经科、最后到骨科，做过B超、心电图、CT检查及其他多项化验。经常是看一两次就换个医院，认为医生开的药都没有疗效，很少按医嘱坚持服药。另外，还经常买些医学书籍和杂志，对号入座，医生向他解释认为医生是在安慰他。

程序员D具有较高的文化程度，自查了许多医学书籍、杂志来验证核实医生的诊断和治疗。从而产生了不良的自我暗示，更加认为自己确实有病，由于经常出入医院、所以很多医生都认识他，每次都劝他回去，并劝他去心理科就诊。

程序员D小时候父母离异，当时母亲离他而去，这给他造成沉重的心灵打击。他一直努力学习，成绩在学校里一直拔尖，大学毕业后参加工作还算顺利，可结婚后夫妻感情一直不好，并且发现妻子有外遇迹象，受到很大打击。想离婚又不想让孩子像自己小时候一样，因此内心很矛盾。

程序员D因早年父母离异使他内心产生了不安全感、无助感和孤独感。成年后，婚姻不幸福，长期压抑，特别是同事的猝死又使他遭到强烈的打击，造成心理失衡，自我功能减弱。因此不自觉地把注意力指向躯体，对身体的变化特别警觉，而这些在正常人看来微不足道的变化，却使患者特别关注，不自觉地加以夸大或曲解，成为患了严重疾病的证据。在警觉水平提高的基础上，确信自己患了某种严重的疾病，担心自己也会过劳死。各种检查并不支持患者的揣测，医生也耐心解释和再三保证没有严重疾病也打消不了患者的顾虑，仍坚持自己的疑病想法。

2. 评估与诊断

(1)初步诊断：根据程序员D的临床资料，综合相关其他因素，家庭中无精神病史，本人无重大疾病史，程序员D本人对症状的自知，有求医行为，根据精神活动正常与异常的三原则判断，可排除程序员D有重性精神病。其心理冲突具有现实意义，持续时间近两个月，不良情绪有一定的泛化，但是对社会功能的影响不是很严重，而且经检查没有器质性的病变，但不能排除其痛苦。从病程、精神痛苦程度和社会功能受损的程度三个方面分析，程序员D的情况可诊断为疑病性神经症。

(2)诊断依据：程序员D目前的心理与行为问题是由电脑程序员C的去世引起的，才开始担心自己的身体健康问题。由于感觉过分敏感，程序员D对自己的身体健康过分关注，为此苦恼不安，而这种苦恼不安更加剧了他的不适感的体验，这种关注和苦恼感陷入了恶性交互作用，相互强化，"关注—苦恼—更关注—更苦恼"这种循环一经多次反复强化，就形成了一种条件反射，一种精神固着，心理逐渐强化成疑病症状。

另外程序员D由于早年父母离异使其内心产生了不安全感、无助感和孤独感。成年后，婚姻不幸福，长期压抑，特别是同事的猝死又使他遭到强烈的打击，造成心理失衡，自我功能减弱。不自觉地把注意力指向躯体，对身体的变化特别警觉，不自觉地加以夸大或曲解，成为患了严重疾病的重要证据。

3. 治疗方案　首先要使患者产生对医生的信任感，不与程序员D争论，否认他的病态感觉。应先满足患者的心理需要，然后进行恰当的心理疏导。促进其对实际存在的躯体疾病进行积极治疗。因为一些躯体疾病的加重或好转会影响心理治疗的效果。治疗原则不但要考虑其心理方面的问题，还应对患者的躯体状况进行全面的了解，给患者以权威性的解释是预防治疗失败的方法之一。为什么患者认为自己有病，抓住不放，症状只是表面现象，背后有更深层次原因，无法面对，为了避免痛苦以症状形式表现出来。因此帮助患者探究并领悟内在心理冲突与症状的关系对改善症状有一定的意义。

应从以下几个方面进行心理调节：

(1)患者千万不要自己看一些有关医学方面的书籍就"对号入座"，认为自己身体的某些不适与书上描述的症状相似或相近，就诊断为自己患上了某种疾病。最重要有三条：①要相信医生，相信医生的各种检查，相信医生的解释和劝告，相信医生经多种检查后所作出的无器质性疾病结论；②要如实客观地陈述病情，不要夸大和做出不切实际的解释，积极主动配合医生诊断，不要把自己的感觉强加给医生；③定期去医院做身体检查，其他时间控制自己不去医院。

(2)正确地认识自己的病情，树立正确的人生观，积极参加各项活动，多培养兴趣爱好，把精力集中到其他与“病”无关的事上，转移注意力，做些有意义的事情。①要正确认识自己的病情。它不是身体上有病，而是心理上有病。在相信自己无器质性疾病的前提下努力放下思想包袱和心理负担，从个人“疾病”的怪圈中跳出来。②要把主要精力放在学习和工作上，培养各种兴趣和爱好，积极参加一些有益的文体活动，增强身体素质和心理素质，转移自己对“疾病”的过分关注。无所事事和长期休息是无益的。③要树立正确的人生观。不要“整天围着自己转”，视野要宽广些，度量要大些，平时要多为周围人考虑。

(3)做系统心理治疗，让患者尽情倾诉，暴露出心理矛盾和冲突，特别应该探讨婚姻状况，面对婚姻中的种种问题，而不去逃避，并且对患者个性特点进行分析，引导患者以理性观念去而对问题，积极处理困难，找出解决问题的途径。鼓励患者把精神能量转移到客观事物中，把注意力转移到感兴趣的活动中去，让他在生活中寻找快乐。对情绪或症状顺其自然，不管怎样都要像健康人那样去生活是最重要的。

参考文献

1. Veeser PI, Blakemore CW. Student assistance program: A new approach for student success in addressing behavior health and life events. Journal of American College Health, 2006, 54(6): 377-381.
2. Krupnick JI. Posttraumatic stress disorder in women with breast cancer. J Clin Psychol, 2002, 58: 919-932.
3. World Health Organization. War Trauma Foundation and World Vision International (2011). Psychological first aid: Guide for field workers. WHO: Geneva.
4. IASC Reference Group for Mental Health and Psychosocial Support in Emergency Settings. (2012). Who is Where, When, doing What (4Ws) in Mental Health and Psychosocial Support: Manual with Activity Codes (field test-version). Geneva.
5. Myer RA, Williams R, Otters AJ, et al. A three-dimensional model for ravage. Journal of Mental Health Counseling, 1992, 14: 137-148.
6. Brende JO. Coping with floods: assessment, intervention and recovery process for survivors and helpers. Journal of Contemporary Psychotherapy, 1998, 28(2): 107-139.
7. Wilson JP. Theoretical perspectives of traumatic stress and debriefings. International Journal of Emergency Mental Health, 1999, 1(4): 267-273.
8. World Health Organization & King's College London (2011). The Humanitarian Emergency Settings Perceived Needs Scale (HESPER): Manual with Scale. Geneva: World Health

Organization.
9. 世界卫生组织．增进恢复:紧急情况发生后可持续的精神卫生保健概述．世界卫生组织:日内瓦,2013.
10. 刘新民．变态心理学．北京:人民卫生出版社,2007.
11. 朱迪思·赫尔曼．创伤与复原．施宏达,陈文琪,译．北京:机械工业出版社,2015.
12. 巴塞尔·范德考克．身体从未忘记．李智,译．北京:机械工业出版社,2016.
13. 施琪嘉．创伤心理学．北京:人民卫生出版社,2013.
14. 郝伟,于欣．精神病学．北京:人民卫生出版社,2014.
15. 杨甫德,王传跃．精神科合理用药问答．北京:人民卫生出版社,2011.
16. 黄爱国．强迫症心理疏导治疗．北京:人民卫生出版社,2011.
17. 任显峰,程荣玉,颜淑环．心理社会因素在抑郁症发生中的作用．临床精神医学杂志,2006,(16):30-31.

附件

突发公共事件现场心理干预工具

附件1　突发公共事件现场心理干预管理工具包

R1：进入灾区的心理干预队伍能力评估表

背景：

灾后初期，大量救援队伍和相关人员涌入灾区，如果指挥不当，往往造成资源浪费，影响救援的效率。"4·20雅安地震"发生后，通往灾区的道路整体受损不严重，短时间大量救援人员涌入灾区，造成地面交通瘫痪，反倒影响了伤员转运和重要物资的投送。此外，交通便利的受灾地区出现医生多患者少的现象，而道路受损的地区迟迟没有援助人员。由此看来，建立完善的救援队伍集中管理和接纳机制十分必要。到达灾区的救援队伍应第一时间前往指挥部报到，提交进入灾区的心理干预队伍能力评估表，介绍团队规模、人员组成、携带装备及药品、可提供的服务和工作天数等重要信息，指挥部根据掌握的灾情及救援需求信息，迅速将不同能力等级的队伍派往指定区域，有针对性地开展心理干预活动，确保干预队伍各司其职，工作不重不漏。

用途：用于评估到达灾区的心理干预队伍提供服务能力，便于灾区心理干预资源合理配置。

方法：心理干预队伍提交自评表

所需的时间：进入灾区第一时间

所需的人力资源：一个人

注意事项：此表格作为救援指挥部门分配任务的依据，须如实填写。

进入灾区的心理干预队伍能力评估表

机构名称：	
团队负责人 / 联系方式：	
到达时间：	
可提供的服务内容：	□灾区干预 □灾区培训 □本地支持 □远程督导
可提供服务的持续时间：	□ 7 天以内 □ 1~2 周 □ 3~4 周 □ 1 个月以上
团队人数：	共 __ 人，其中：精神科医生 __ 人，二级心理咨询师 __ 人；三级心理咨询师 __ 人；其他 ___
携带装备：	
配备药品：	
预计撤离时间：	
备注：	

R2：心理干预志愿者登记表

背景：

除了以团队形式到达灾区的心理干预力量，灾后还会出现大量以个人名义投入救援的心理工作者和志愿者。对于这部分干预资源，为更好地发挥其作用，首先需要明确其是否具备专业心理工作资质、能从事的工作类型、服务时长等重要信息，以便分配合适的工作任务。为此，个体心理干预工作者到达灾区后，须前往指挥部报到，提交心理干预志愿者登记表，介绍个人基本情况、技术资质、可提供服务等情况介绍，指挥部根据个人能力，组建临时心理干预队伍或派驻心理干预服务中心，指定具体工作内容。

用途：用于评估到达灾区的志愿者提供服务的能力，便于灾区心理干预资源合理配置

方法：心理工作志愿者填写并提交

所需的时间：进入灾区第一时间

所需的人力资源：一个人

注意事项：此表格作为救援指挥部门分配任务的依据，须如实填写。

志愿者登记表

编号：

姓名		单位		
性别		住址		
电话		服务起止日期	至	
可支配时间	资质	可提供服务	需要的协助	机构支持
□3天以内	□无经验	□基本安抚	□相关培训	□单位派遣
□4~7天	□社工	□心理急救	□直接上岗	□政府调用
□1~2周	□三级咨询师	□危机干预	□现场助手	□自行休假
□3~4周	□二级咨询师	□临床治疗	□精神机构	□离职
□1个月以上	□其他 ____	□培训督导	□其他 ____	□公益机构
安排职位		工作地点		
备注信息				

签名： 日期：

R3：开展活动内容评估表

背景：

为确保突发公共事件现场心理干预活动的顺利开展和科学实施，卫生行政部门需做好突发公共事件现场心理干预各项活动的监督和监测工作。联合国机构间常设组织（IASC）精神卫生和心理支持紧急服务相关部门针对突发紧急事件灾后心理干预的执行人、事件、地点和工作内容做出了规范性指导文件（4Ws），详细罗列了灾后精神卫生和心理支持活动的类型和具体内容，参考该文件并结合IASC精神卫生服务金字塔，本书制定了灾后心理干预开展活动评估的基本分类，从一般活动、团体服务到针对个体的心理卫生服务，基本涵盖了灾后心理干预主要活动类型。

所有心理援助队伍到达灾区指定工作区域后，需根据需求制定相应的心理干预服务工作计划，提交R3. 开展活动内容评估表，具体说明开展的拟开展的活动类型、待开展的活动项目及今后工作建议。评估的目的是掌握心理干预资源在时间和空间上的分布状况，加强活动的针对性，确保有需求的人群真正受益。评估的内容主要包括开展的活动类型、开展时长、针对的目标人群规模及其他需说明事项。评估内容定期向指挥部汇报，及时总结、改进干预策略。

用途:用于评估到达灾区的心理干预队伍开展服务的内容和频率,便于灾区心理干预资源合理配置。

方法:心理干预队伍提交自评表(或联络员 / 秘书统一收集)

所需的时间:灾后 1~2 周

所需的人力资源:2~3 人

注意事项:此表格作为救援指挥部门分配任务的依据,须如实填写。

开展活动内容评估表

以下问题与您的健康相关,将用于评估服务实施情况。评估采集到的数据将用于相关支持机构更好地提供心理健康服务。

团队名称 / 代码:____________ 负责人 / 联系方式:____________

工作区域 / 代码:____________ 到达 / 报告时间:____________

对象	活动类型	频次	目标人群 / 规模	备注
团体	□心理健康教育 □儿童关怀中心 □家庭支持活动 □学校支持活动 □社区支持活动 □其他:______			(概述活动内容)
个人	□心理急救 □心理咨询 / 干预 □识别转诊 □精神障碍管理 □其他:______			
一般	□形势分析 / 评估 □培训 / 技术支持 □活动监控 / 评估 □针对救援人员的心理干预 □其他:______			

参考:4Ws 活动分类和金字塔精神卫生服务内容

参考文献

1. IASC Reference Group for Mental Health and Psychosocial Support in Emergency Settings.(2012). Who is Where, When, doing What(4Ws) in Mental Health and Psychosocial Support: Manual with Activity Codes (field test-version).Geneva.
2. Inter-Agency Standing Committee(IASC) (2007).IASC Guidelines on Mental Health and Psychosocial Support in Emergency Settings.Geneva: IASC.

R4：心理伤票

背景：

伤票是军队战时救治机构记录和传递伤员伤情、救治过程的一种格式化的纸质表格或卡片式信息载体，是医疗后送文件中的一种。战时伤票的主要作用包括：①作为救治伤员的依据；②保持救治连续性和继承性；③用于战后总结经验教训和开展研究。

针对灾后心理干预工作中存在的救治阶梯不连贯以及重复“验伤”可能引起的“二次创伤”，寻求一种操作简便且易于推广、能够有效避免重复验伤，且能增强心理干预连贯性的方法和工具显得尤为重要。

我们以军队战时伤员救治伤票为参考，结合灾后心理疾病发生、发展的流行病学特征，拟定了“心理伤票”。该伤票用于突发灾害性事件后，记录灾民或被救治对象心理健康状况及心理干预过程。主要包括以下构成要素（样见下表）：

1）评估对象基本信息：主要包括评估对象姓名、性别、年龄、住址及编号，其中编号作为识别评估对象的重要信息，可根据地区编码、家庭住址等具体信息编码，便于准确识别和快速定位评估对象。同时，在信息传递时，为保护评估对象隐私，可隐去姓名，用编号代替。

2）过程记录：该部分概述心理干预各个阶段，干预对象的认知、情绪、行为等方面症状，通过量表辅助评估的结果，针对特定心理问题采取的针对性干预措施和备注信息等。详细、完整地记录干预过程，以便在后续工作中发现不足，及时改进。

3）总结：该部分主要概述整个心理评估与心理干预过程中的注意事项、需要补充完善的信息和下一步工作建议等，例如评估对象已经恢复、还需进一步心理干预或接受专业精神科治疗等。

4）填表人信息：由执行该心理伤票的心理干预工作人员填写，需具备相关专业资质或在专业人士指导下填写。注明填表人联系方式，以便后续查表格传递、存储时用于沟通、完善信息。

灾难过后，个体产生心理应激反应、出现各种症状，以及因症状持续而诊断为心理障碍，这是一个动态而连续的过程。心理伤票按照灾后心理疾病发生、发展的流行病学特征以及实施救援的工作需要，采用针对性的评估量表，具体分析不同阶段灾民心理变化特点，逐层深入地进行不同内容的心理评估，以便采取针对性干预措施（附图 1）。

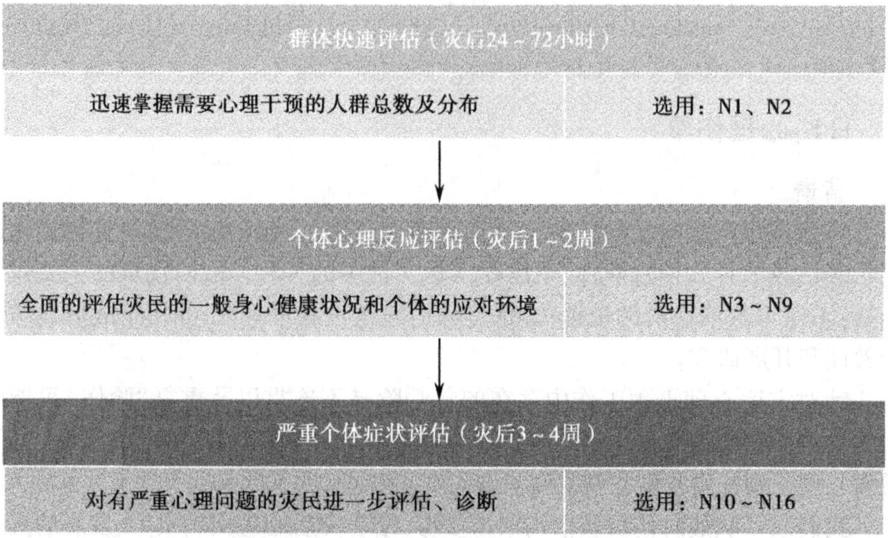

附图 1 灾后心理连续评估流程图

心理伤票（样表）

姓名		性别		年龄	
住址				编号	
PsySTART 评级	□绿色 □黄色 □红色 □紫色				
日期： 24~72 小时 （选用：N1、N2）	症状	（简述对象身心反应）			
	评估结果	（简述量表结果）			
	干预措施	（简述采取的干预措施）			
	备注	（其他待补充信息）			
日期： 1~2 周 （选用：N3~N9）	症状				
	评估结果				
	干预措施				
	备注				

续表

日期： 3~4 周 （选用：N10~N16）	症状	
	评估结果	
	干预措施	
	备注	
总结	概述干预过程、结果及进一步建议。	

填表人（编码）：　　　　　　　　　　　　　　联系方式：

填表说明：

1. 由具备相关资质的专业心理工作者或在其指导下填写。
2. 本表包含三部分　干预对象基本信息、干预过程记录、总结。
3. 量表选用　按照灾后评估三个阶段量表体系，结合干预对象具体情况，选用适宜量表进行评估。

参考文献

1. 杨呈浩，曹灵红，章成．“伤标式”纸质伤票结合电子伤票在灾害救援中的应用．职业卫生与病伤，2012，27（2）：119-123.
2. 张树华．伤员流及医疗后送信息管理．战时卫生勤务学，2003：4647.
3. 史宇，王立祥，郑静晨，灾难心理救援中不可缺位的“心理伤票”．中国危重病急救医学，2012，24：321-322.

附件 2　现场心理干预岗位职责表格

L1：突发公共事件现场心理干预总指挥

任务：组织和管理现场心理干预相关行动，管理心理干预中心，协调心理干预队伍人员和行动。

灾害名称：__________时间：__________救援地点：__________		
任务起始时间：__________任务终止时间：__________执行者签字：		
直属上级：__________位置：__________联系方式：		
一、干预介入期（0~72 小时）	时间	签字
接受任命，佩戴标识，从指挥中心获取关于灾情和伤员的相关信息，填写该表		

续表

召集心理干预队伍，组建突发公共事件现场心理干预工作站，任命各重要岗位人员，明确职责		
收集所有队伍、部门信息表，初步制定心理干预计划		
参加救灾指挥中心联席会议，了解现场灾情和心理干预需求，包括： ● 灾害类型和灾区位置 ● 目标干预对象的状况和人数 ● 预计开始工作时间 ● 需要注意的特殊事项（语言、文化、安全等）		
二、全面接触期（1~2 周）	时间	签字
召开心理干预中心会议，掌握需求（PsySTART 人群分布）及资源（心理干预队伍 / 个人），制定详细干预计划		
确定药品、培训手册等物资妥善、到位		
确定所有现场心理干预的过程完整记录		
确保所有心理干预工作者的人身安全和心理健康得到监护		
与当地精神卫生机构建立联系，做好严重心理问题灾民的转诊		
三、评估转交期（3~4 周）	时间	签字
确保不同人群心理获得针对性心理干预服务，做好严重个人的心理干预与转诊		
监督、评价心理干预工作进展及效果，定期向救援指挥中心汇报		
做好现场心理干预工作者的轮换和更替		
四、撤收 / 系统复原（1 个月）	时间	签字
向救援指挥中心提交总结报告		
确定药品、装备、资料的回收与保管		
制定灾后长期心理干预计划（个人、家庭、社区和救援人员）		
做好心理干预工作者的心理辅导，确保其平稳过渡		
所需文件 / 工具		
□ 突发公共事件现场心理干预工作者手册 □ 突发公共事件现场心理干预组织结构图 □ 工作简报 □ 心理干预通讯录（联络员制作） □ 无线电 / 卫星电话 □ 当地资源		

L2：心理干预分队队长(若干)

任务：组织突发公共事件现场心理干预巡诊。

灾害名称：________时间：________救援地点：________		
任务起始时间：________任务终止时间：________执行者签字：		
直属上级：________位置：________联系方式：		
一、干预介入期(0~72 小时内)	时间	签字
从突发公共事件现场心理干预总指挥处获取任命和简报，提交心理干预队伍能力评估表 填写这份工作执行表，阅读组织结构图，佩戴身份标识 确认通讯渠道的畅通 接受任务，带领队伍前往指定区域开展心理评估，并开展必要的心理急救(使用 PsySTART 快速心理检伤分类表) 确认本队救援人员依照安全条例和规范操作 向心理干预总指挥报告本队所在位置，现场情况和采取的措施		
二、全面接触期(1~2 周)	时间	签字
继续协调安置点的心理评估和心理干预，确保患者安全和健康保障措施执行到位 确保现场心理工作者健康和安全 向心理干预总指挥及时简报工作进展情况 参加突发公共事件现场心理干预指挥中心例会，同心理干预总指挥和各组负责人沟通并评估当前救援形势，规划下一步行动计划 及时向现场心理干预总指挥报告任何无法解决或纠正的执行问题 及时向所属分队成员通报灾情和当前救援形势 确保各队员规范填写心理伤票，做好心理干预个案跟踪记录		
三、评估转交期(3~4 周)	时间	签字
保证自己及组员的健康状况，摄入适当的营养、水，休息 组织安排队员轮替值班，防止过度劳累 继续监管本分队救援计划执行情况，相关文件的填报是否及时准确 在工作周期转换的节点，简报摘要你所替换的正在进行的操作，关键内容，相关事件的信息 确保各队员规范填写心理伤票，做好心理干预个案跟踪记录，做好严重心理个案的干预和转诊		

续表

四、撤收 / 系统复原(1 个月)	时间	签字
召开本队总结会议,听取队员的经验教训和意见建议 撰写、提交所属分队工作报告,向现场心理干预总指挥提供改进建议 进行所属人员、物资、装备清点、装箱 确定归还所有物资设备 确认档案文件收集、归档,并向联络员 / 秘书复制传送 参加要求的会议和绩效评估 为心理干预计划 / 预案修改提供建议和意见		
所需文件 / 工具		
□ 突发公共事件现场心理干预工作者手册 □ 突发公共事件现场心理干预组织结构图 □ 心理干预队伍能力评估表 □ PsySTART 快速心理检伤分类表 □ 症状评估表 □ 心理疾病评估表 □ 心理干预通讯录 □ 心理伤票 □ 无线电 / 卫星电话 □ 当地资源		

L3:心理服务中心负责人

任务:组织管理突发公共事件现场心理服务中心日常工作。

灾害名称:________ 时间:________ 救援地点:________		
任务起始时间:________ 任务终止时间:________ 执行者签字:		
直属上级:________ 位置:________ 联系方式:		
一、干预介入期(0~72 小时内)	时间	签字
从突发公共事件现场心理干预总指挥处获取任命和简报,获取工作执行表 阅读这份工作执行表和组织结构表,佩戴身份标识 确认通讯渠道的畅通 接受任务,选定合适位置建立心理服务中心 任命中心工作人员岗位、职责(人员来自心理干预队伍和志愿者) 与当地精神卫生机构取得联系,建立协作机制		

续表

二、全面接触期(1~2 周)	时间	签字
接待来访者,确保各队员规范填写心理伤票,做好心理干预个案跟踪记录 做好救援人员心理问题排查与督导 向心理干预总指挥及时简报工作进展情况 参加突发公共事件现场心理干预指挥中心例会,同心理干预总指挥和各组负责人沟通并评估当前救援形势,规划下一步行动计划 及时向突发公共事件现场心理干预总指挥报告任何无法解决或纠正的执行问题 开辟儿童天地,开展针对性心理干预服务 开通严重精神症状患者的对接、转诊渠道		
三、评估转交期(3~4 周)	时间	签字
保证自己及组员的健康状况,摄入适当的营养、水,休息 组织安排轮替值班 在工作周期转换的节点,简报摘要你所替换的正在进行的操作,关键内容,相关事件的信息 确保各队员规范填写心理伤票,做好心理干预个案跟踪记录		
四、撤收 / 系统复原(1 个月)	时间	签字
召开心理干预服务中心总结会议,总结工作进展 撰写、提交工作报告,向现场心理干预总指挥提供改进建议 进行所属人员、物资、装备清点、装箱 确定归还所有物资设备 确认档案文件收集、归档,并向联络员 / 秘书复制传送 参加要求的会议和绩效评估 为心理干预计划 / 预案修改提供建议和意见		
所需文件 / 工具		
□ 突发公共事件现场心理干预工作者手册 □ 突发公共事件现场心理干预组织结构图 □ 心理干预通讯录 □ 心理伤票 □ 无线电 / 卫星电话 □ 当地资源		

L4：心理干预队队员

任务：在心理干预队长的指导下，在心理干预队伍中提供心理干预服务。

灾害名称：__________时间：__________救援地点：__________		
任务起始时间：__________任务终止时间：__________执行者签字：		
直属上级：__________位置：__________联系方式：		
一、干预介入期（0~72 小时内）	时间	签字
从突发公共事件现场心理干预总指挥处获取任命和简报，获取工作执行表 阅读这份工作执行表和组织结构表，佩戴身份标识 确认通讯渠道的畅通 接受任务，在指定区域开展心理需求快速评估，使用评估表 N1、N2（见附件 3）		
二、全面接触期（1~2 周）	时间	签字
开展个体心理评估（使用评估表 N3~N9，见附件 3） 规范填写“心理伤票”（见附件 1），做好心理干预个案跟踪记录 识别有精神障碍的个案，及时向队长汇报，进行转诊治疗		
三、评估转交期（3~4 周）	时间	签字
保证自己及组员的健康状况，摄入适当的营养、水，休息 在工作周期转换的节点，简报摘要你所替换的正在进行的操作，关键内容，相关事件的信息 继续规范填写“心理伤票”，做好心理干预个案跟踪记录 向队长汇报不能解决的问题		
四、撤收 / 系统复原（1 个月）	时间	签字
确定归还所有物资设备 确认档案文件收集、归档，并向队长传送 参加要求的会议和绩效评估 为心理干预计划 / 预案修改提供建议和意见		
所需文件 / 工具		
□ 突发公共事件现场心理干预组织结构图 □ 岗位任命表 □ 心理伤票 □ 无线电 / 卫星电话 □ 心理评估量表		

L5：秘书 / 联络员

任务：协助心理干预总指挥进行对内和对外沟通联络，整理和跟踪心理干预信息数据报表。

灾害名称：__________ 时间：__________ 救援地点：__________		
任务起始时间：__________ 任务终止时间：__________ 执行者签字：		
直属上级：__________ 位置：__________ 联系方式：		
一、干预介入期（0~72 小时内）	时间	签字
从突发公共事件现场心理干预总指挥处获取任命和简报，获取工作执行表 阅读这份工作执行表和组织结构表，佩戴身份标识 确认通讯渠道的畅通 从救援指挥部获取“灾情摘要表”，介绍灾情概况 填写“岗位任命表”（含关键岗位人员通讯录） 与当地精神卫生机构取得联系，建立转诊、协作机制 从各心理干预队长处，获取突发公共事件现场心理干预资源与需求概况（N1、N2、M3、M4 汇总），及时向心理干预总指挥汇报		
二、全面接触期（1~2 周）	时间	签字
参加灾害救援指挥部和心理干预指挥部会议，收集相关信息，做好沟通联络； 通过心理干预队长获取（M5、M6），汇总如下信息 ● 干预的灾民数量、心理健康状况 ● 提供的心理干预服务类型、频次 ● 目前存在的需要说明的其他问题		
三、评估转交期（3~4 周）	时间	签字
保证自己及组员的健康状况，摄入适当的营养、水，休息 继续同相关机构保持有效沟通和联系 在工作周期转换的节点，简报摘要你所替换的正在进行的操作，关键内容，相关事件的信息 继续汇总 M5、M6 相关信息		
四、撤收 / 系统复原（1 个月）	时间	签字
收集各队伍相关文件、记录等 参加心理干预总结会议，协助心理干预总指挥撰写工作报告 参加要求的会议和绩效评估		
所需文件 / 工具		

续表

□ 突发公共事件现场心理干预组织结构图 □ 灾情摘要表 □ 岗位任命表 □ 无线电 / 卫星电话 □ 当地资源

附件 3 心理评估量表

N1：PsySTART 检伤分类评估表

检伤分类评估表（psychological simple triage and rapid treatment，PsySTART）是世界卫生组织推荐的评估灾后精神卫生和社会心理需求与资源（Mental Health and Psychological Support，MHPSS）的有效评估工具。在创伤事件发生后 24~72 小时，使用 PsySTART 快速分类系统对幸存者们在灾害带来的伤害和风险方面进行评估和分类。PsySTART 包括与灾害相关的 20 个问题，可快速并准确地根据创伤暴露、受创伤事件影响（例如财产损失、受伤等）、压力反应程度等将幸存者的受灾程度划分为四个危险等级，针对不同级别人群，开展针对性干预。四个等级分别用四种颜色来表示，根据严重程度由高到低为紫色、红色、黄色、绿色。这种分类不需要专家操作，可以由学校教职工、心理健康工作者、经历创伤事件本人等完成。

分类标准：

四种等级人群具体如下：

低风险（绿色）：这类人群目前未发现有任何 PsySTART 的风险因素，被假定为是低风险，标记为“绿色”。即使不存在风险因素，但其他显示出的因素，例如创伤史以及之前或现有的心理失常还存在。

中等风险（黄色）：这类人群依据文献回顾经验，表现出预先假设的风险因素，标记为“黄色”，可根据具体表现作进一步评估。

高风险（红色）：这类人群表现出一种或多种基于循证的风险因素，标记为“红色”。此外，依照惯例，与家人离散的未成年人也被假定为“红色”，以建立适当的保护措施或进行二次评估，可根据具体表现作进一步评估。

极高风险（紫色）：威胁到自身或他人安全的人群，转诊至精神卫生机构，进行精神科专业治疗。

注意事项：

红色分类的风险因素传达了独立的风险。分类危险因素的数量越多，客户端将有一个新的或加重的临床病症的可能性越高。先从拥有最多数量的红色分类的危险因素开始治疗。与风险因素的最大数量的个体被干预后，具有较少的因素的个人可以接受后续治疗。例如，有四个红色的危险因素的对象将早于两个红色的危险因素的人接受治疗，除非存在其他令人信服的理由。当然，心理健康紧急事件（有一个紫色的分类风险因素的个体）总是优先和被首先干预。

其他：

● 当评估对象存在伤害自己或他人的风险，分类为紫色时应该立即与当地精神卫生机构联系转诊。

● 优先按风险数的顺序因素由红到黄。

● 风险因素都存在的情况下优先二次评估儿童。孩子相比其他年龄组，灾难发生后心理危机风险增加。

● 对有风险因素最大数量的客户先进行二次评估。

基本信息：

姓名	家庭住址	
出生日期	性别：	编码：
之前有无心理疾病		
心理疾病类型及程度		

心理检伤分类评估表：

1. 自残或危害他人的冲动？	□是　□否
2. 感到压抑或非常恐慌？	□是　□否
3. 感到自己身或家庭成员受到威胁？	□是　□否
4. 看到或听说其他人受伤或遇难？	□是　□否
5. 父母、孩子或者其他家庭成员遇难？	□是　□否
6. 宠物在灾难中死亡？	□是　□否
7. 自身或家庭成员由灾害诱发的疾病或损伤？	□是　□否
8. 撤离或逃生受困？	□是　□否
9. 目前是否有家庭成员走失或下落不明？	□是　□否
10. 家里的儿童无人照顾或离开了自己的监护人？	□是　□否
11. 居住场所在灾害中损毁？	□是　□否

续表

12. 灾害发生后，家人被迫分离，且不知其下落或状况？	□是 □否
13. 是否曾接受过精神 / 心理治疗？	□是 □否
14. 是否曾经经历过灾难？	□是 □否
15. 未发现检伤分类的因素？	□是 □否

N2：Myer 的危机状况三维量表

对个体的身心健康状况的简单了解，我们采用 Myer（1991）的危机状况三维评估量表（triage assessment form，TAF）评估内容分情绪、认知和行为三个方面，每个方面的评定结果分六级，细分为 1~10 分；量表总分为三个方面评估的分值之和。

在突发灾难性事件中，需要采用快速、有效、简便、易操作且经济的方法，便于现场心理干预工作者评估求助者的心理状况。常用的量表是 TAF 量表。该量表主要是评估个体的认知、情绪和行为三个方面的功能水平，是一种简易、快速、有效的评估手段。其中认知评估主要包括侵犯、威胁和丧失三项内容；情绪评估包括愤怒 / 敌意、恐惧 / 焦虑和沮丧 / 忧愁；行为评估包括接近、回避和丧失能动性等内容。

该量表有助于现场心理工作者从认知、情绪和行为三方面来判断受灾对象目前的功能状况、危机的严重程度及其对求助者的心理影响。危机严重程度的评估包括两个方面：受灾对象的主观认识和现场心理工作者的客观评估。客观评估则是基于对受灾对象三个方面功能的评价：认知（思维方式）、情绪（主观感受或情绪反应）和精神活动（行为）。

TAF 量表操作简单，针对受灾对象认知、情绪和行为每一方面都有其对应的程度说明，有助于现场心理工作者确定受灾对象目前的功能水平，判断危机的严重程度并决定需要采取的干预方式。

类别	分级	描述	分数	程度
情绪状态	第一级	情绪状态稳定，在日常生活各种活动中情绪表达恰当	1	无损害
	第二级	对环境的情绪反应适当，对环境的变化只有短暂的负性情绪流露，不强烈，能很好地控制情绪	2~3	轻微损害

续表

类别	分级	描述	分数	程度
情绪状态	第三级	对环境的情绪反应适当，但对环境变化会出现较长时间的负性情绪反应；在情绪波动时，能意识到需要自我控制情绪	4~5	轻度损害
	第四级	情绪反应与环境不太协调，对环境变化常出现负性情绪反应，且情绪波动较强烈，需要作出努力才能予以控制	6~7	中等损害
	第五级	负性情绪体验明显超出环境的影响，情绪反应与环境明显不协调，心境波动明显，负性情绪体验强烈，虽能意识到负性情绪，但不能控制	8~9	显著损害
	第六级	完全失控或极度悲伤	10	严重损害
行为表现	第一级	对危机事件应对行为恰当，能保持必要的日常功能	1	无损害
	第二级	偶尔有不恰当的应对行为，能保持必要的日常功能，但需做出一定努力	2~3	轻微损害
	第三级	偶尔出现不恰当的应对行为，有时出现日常功能的减退，表现为做事效率降低	4~5	轻度损害
	第四级	有不恰当的应对行为且做事效率很低，需作出很大努力才能维持日常功能	6~7	中等损害
	第五级	做出应对行为很不恰当，日常生活功能受到严重影响	8~9	显著损害
	第六级	行为异常、难以预料，并对自己或他人又产生伤害的危险	10	严重损害
认知状态	第一级	注意力集中，解决问题和做决定能力正常，对危机事件的认识和感知与实际情况相符	1	无损害
	第二级	思维集中在危机事件上，但思想能受意志控制。解决问题和做决定能力轻微受损，对危机事件的认识和感知基本与现实相符	2~3	轻微损害
	第三级	注意力偶尔不集中，感到较难控制对危机事件的思考。解决问题和做决定的能力降低，对危机事件的认识和感知与现实情况存在一些偏差	4~5	轻度损害
	第四级	注意力时常不能集中，较多考虑危机事件而难以自拔。解决问题和做决定能力因为强迫性思维，自我怀疑而受到影响。对危机事件的认识和感知与现实情况明显不符	6~7	中等损害

续表

类别	分级	描述	分数	程度
认知状态	第五级	沉湎于对危机事件的思虑,因为强迫性思维、自我怀疑和犹豫而明显影响解决问题和做决定的能力,对危机事件的认识和感知与现实有实质性差异	8~9	显著损害
	第六级	完全沉湎于对危机事件的思虑,无法集中精力。由于受强迫、自我怀疑和犹豫不决的影响丧失了解决问题和做决定的能力。对危机事件的认识和感知与现实情况严重脱节,影响到正常的生活	10	严重损害

使用方法:

评价标准

总分	评估结果
3~12 分	求助者状况不严重,干预人员不需要提供太多指导
13~22 分	求助者无法自己解决面临的问题,需要干预人员提供适当的帮助与指导
22 分以上	求助者完全失去了应对危机的能力,无法自己解决面临的问题,需要干预人员给予全面的指导

N3:症状自评量表

对一般身心健康状况的评估主要参考的量表包括 90 项症状自评量表(SCL-90)、心理健康自评问卷(SRQ-20)、中国身心健康量表(CPSHS-134)和一般健康状况量表(CHQ-12)。其中 SCL-90 是使用最为频繁的。SCL-90 是为评估人的情绪、感觉、思维、行为直至生活习惯等心理健康方面而编制的。SCL-90 量表具有容量大、反应症状丰富、更能准确刻画被试的自觉症状等特点。SCL-90 的信效度都得到了较好的验证,SCL-90 量表的同质性新都为 0.97,各个分量表的同质性信度也在 0.7 以上,内容效度和结构效度也较好。

使用方法:

1. 适用人群　初中及以上人群。
2. 评分方法　每个题项为 1~5 点评分,共 90 项。
3. 时限　评定近 1 周的身心状况。
4. 测量内容　焦虑 / 精神病性 / 抑郁 / 恐怖 / 躯体化 / 强迫 / 人际关系敏感 / 敌对 / 偏执。

以下表格中列出了有些人可能有的症状或问题，请仔细阅读每一条，然后根据该句话与您自己的实际情况相符合的程度(最近一个星期或现在)，选择一个适当的数字填写在后面的答案框中：1—从无、2—很轻、3—中等、4—偏重、5—严重。

序号	问题	选项
1	头痛	
2	神经过敏，心中不踏实	
3	头脑中有不必要的想法或字句盘旋	
4	头晕或晕倒	
5	对异性的兴趣减退	
6	对旁人责备求全	
7	感到别人能控制您的思想	
8	责怪别人制造麻烦	
9	忘性大	
10	担心自己的衣饰整齐及仪态的端正	
11	容易烦恼和激动	
12	胸痛	
13	害怕空旷的场所或街道	
14	感到自己的精力下降，活动减慢	
15	想结束自己的生命	
16	听到旁人听不到的声音	
17	发抖	
18	感到大多数人都不可信任	
19	胃口不好	
20	容易哭泣	
21	同异性相处时感到害羞不自在	
22	感到受骗，中了圈套或有人想抓住您	
23	无缘无故地突然感到害怕	
24	自己不能控制地大发脾气	

续表

序号	问题	选项
25	怕单独出门	
26	经常责怪自己	
27	腰痛	
28	感到难以完成任务	
29	感到孤独	
30	感到苦闷	
31	过分担忧	
32	对事物不感兴趣	
33	感到害怕	
34	您的感情容易受到伤害	
35	旁人能知道您的私下想法	
36	感到别人不理解您、不同情您	
37	感到人们对您不友好,不喜欢您	
38	做事必须做得很慢以保证做得正确	
39	心跳得很厉害	
40	恶心或胃部不舒服	
41	感到比不上他人	
42	肌肉酸痛	
43	感到有人在监视您、谈论您	
44	难以入睡	
45	做事必须反复检查	
46	难以做出决定	
47	怕乘电车、公共汽车、地铁或火车	
48	呼吸有困难	
49	一阵阵发冷或发热	
50	因为感到害怕而避开某些东西、场合或活动	

续表

序号	问题	选项
51	脑子变空了	
52	身体发麻或刺痛	
53	喉咙有梗塞感	
54	感到前途没有希望	
55	不能集中注意力	
56	感到身体的某一部分软弱无力	
57	感到紧张或容易紧张	
58	感到手或脚发重	
59	想到死亡的事	
60	吃得太多	
61	当别人看着您或谈论您时感到不自在	
62	有一些不属于您自己的想法	
63	有想打人或伤害他人的冲动	
64	醒得太早	
65	必须反复洗手、点数	
66	睡得不稳不深	
67	有想摔坏或破坏东西的想法	
68	有一些别人没有的想法	
69	感到对别人神经过敏	
70	在商店或电影院等人多的地方感到不自在	
71	感到任何事情都很困难	
72	一阵阵恐惧或惊恐	
73	感到公共场合吃东西很不舒服	
74	经常与人争论	
75	单独一人时神经很紧张	
76	别人对您的成绩没有做出恰当的评价	

续表

序号	问题	选项
77	即使和别人在一起也感到孤单	
78	感到坐立不安心神不定	
79	感到自己没有什么价值	
80	感到熟悉的东西变成陌生或不像是真的	
81	大叫或摔东西	
82	害怕会在公共场合晕倒	
83	感到别人想占您的便宜	
84	为一些有关性的想法而很苦恼	
85	您认为应该因为自己的过错而受到惩罚	
86	感到要很快把事情做完	
87	感到自己的身体有严重问题	
88	从未感到和其他人很亲近	
89	感到自己有罪	
90	感到自己的脑子有毛病	

N4：急性应激障碍问卷

对于成人的急性应激障碍的评估，Bryant，Harvery，Dang 和 Saekvillc（1998）依据 DSM- Ⅳ的诊断标准，开发了急性应激障碍访谈问卷（ASDI）。ASDI 是结构化的临床访谈问卷，由 19 个项目构成。ASDI 具有较好的内容效度和重测效度，其项目的内部一致性信度为 0.9，重测效度为 0.88。Bryant，Moulds 等人（2000）在 ASDI 的基础上又开发了自评的急性应激障碍量表（ASDS，详见附件表 10）。ASDS 的 19 个项目主要评价 ASD 症状的严重程度。量表采用 Likert5 点计分。量表的 α 系数为 0.96，27d 的重测信度为 0.94。

使用方法：

1. 适用人群　成人。
2. 评分方法　每个题项为 1~5 分。
3. 测量内容　评价急性应激症状的严重程度。

请您仔细阅读下面题目的描述，选择在地震发生之后，最符合您情况的一个选项，并在该选项上画“O”。(注:1表示完全没有，2表示有一些，3表示中度，4表示较严重，5表示极其严重)。

序号	问题	选项
1	在地震发生时或之后，感觉内心麻木	
2	在地震发生时或之后，感到恍惚和茫然	
3	在地震发生时或之后，感觉周围的世界不是真实的，像做梦一样	
4	在地震发生时或之后，感觉自己好像置身事外，作为旁观者在观察周围发生的一切	
5	难以回想起地震中发生过的一些事情	
6	有关地震的情景反复出现在自己的脑海中	
7	做过关于地震的噩梦	
8	感觉灾难将会再次发生	
9	一想起地震，就会非常紧张不安	
10	避免想起关于地震的事情	
11	回避谈论关于地震的事情	
12	回避那些会让自己想起地震的地方或人	
13	避免去感受地震带来的痛苦和不安	
14	入睡困难	
15	容易发脾气	
16	难以集中注意力	
17	地震发生后，对危险的警惕性增高	
18	地震发生后，变得紧张兮兮的	
19	一想起地震，就会出汗、发抖和心跳加快	

N5：创伤后应激障碍自评量表

创伤后应激障碍（PTSD）的筛查方法主要有临床诊断、结构式访谈和自我评估量表三种类型，具体工具有许多，其中创伤后应激障碍症状清单平民版（PCL-C）是其中运用最为广泛的。PTSD 检查表平时版（PCL-C）是美国创伤后应激障碍研究中心行为科学分部于 1994 年 11 月根据 DSM-Ⅳ制定的，由 17 项条目组成的 PTSD 症状调查表。中文译本是由姜潮教授、美国纽约州立大学布法罗学院张杰教授和美国 PTSD 研究中心经过多次中引文互译于 2003 年 7 月完成。PCL-C 是专为评价普通人在平时生活中遭遇创伤后的体验而设计的。在美国，PCL-C 量表常作为 PTSD 症状诊断和干预或治疗 PTSD 的效果评价量表。创伤后应激障碍自评量表(PCL-C)具有较好的信度和效度，易于实施，评分简单，是较为理想的 PTSD 评定工具。

使用方法：

1. 适用人群　成人。
2. 时限　最近 1 个月。
3. 测量内容　PTSD 症状。
4. 评分方法　每个题项为 1~5 分，共 17 个题项。
5. 评分标准　17~37 分，无明显 PTSD 症状；38~49 分，有一定程度 PTSD 症状；50~85 分，有较为明显 PTSD，可诊断。

下表的问题和症状是人们通常对一些紧张生活经历的反应。请仔细阅读并评价在一个月内打扰您的程度，在右框中选择打分。评分分 5 个等级，1 “一点也不”，2 “有一点”，3 “中度的”，4 “相当程度的”，5 “极度的”。

序号	问题	选项
1	过去的一段压力性事件的经历引起的反复发生令人不安的记忆、想法或形象？	
2	过去的一段压力性事件引起的反复发生令人不安的梦境	
3	过去的一段压力性事件的经历仿佛突然又发生了、有感觉到了（仿佛重新体验）	
4	当有些事情让您想起过去的一段压力事件的经历，你会非常局促不安	
5	当有些事情让你想起过去的一段压力性事件的经历时，有身体反应（比如心悸、呼吸困难、出汗）	
6	避免想起或者谈论过去的那段压力性事件经历或避免产生与之相关的感觉	

续表

序号	问题	选项
7	避免那些能使您想起那段压力性事件经历的活动和局面	
8	记不起压力性经历的重要内容	
9	对您过去喜欢的活动失去兴趣	
10	感觉与其他人疏远或脱离	
11	感觉到感情麻木或不能与您亲近的人有爱的感觉	
12	感觉好像您的将来由于某种原因将被突然中断	
13	入睡困难或容易醒过来	
14	易怒或怒气爆发	
15	注意力很难集中	
16	处于过度机警或警戒状态	
17	感觉神经质或易受惊吓	

N6：抑郁自评量表

抑郁自评量表（SDS）的原型是 Zung Depression Scale，特点是能相当直观地反映忧郁患者的主观感受。

使用方法：

1. 时限　过去1周内。

2. 测量内容　精神性－情感症状／躯体性障碍／精神运动性障碍／抑郁的心理障碍。

3. 评分方法　每个题项为1~4分，共20个题项。

4. 评价标准　53~62分轻度抑郁；63~72分中度抑郁；>72分重度抑郁。

根据你最近一个星期的实际情况进行评分，1代表从无、2代表有时、3代表经常、4代表持续。

序号	问题	评分
1	我觉得闷闷不乐，情绪低沉	
2	我觉得一天之中早晨最好	
3	我一阵阵地哭出来或是想哭	

续表

序号	问题	评分
4	我晚上睡眠不好	
5	我吃的和平时一样多	
6	我与异性接触时和以往一样感到愉快	
7	我发觉我的体重在下降	
8	我有便秘的苦恼	
9	我心跳比平时快	
10	我无缘无故感到疲乏	
11	我的头脑和平时一样清楚	
12	我觉得经常做的事情并没有困难	
13	我觉得不安而平静不下来	
14	我对将来抱有希望	
15	我比平常容易激动	
16	我觉得做出决定是容易的	
17	我觉得自已是个有用的人,有人需要我	
18	我的生活过得很有意思	
19	我认为如果我死了别人会生活的更好些	
20	平常感兴趣的事我仍然照样感兴趣	

参 考 文 献

王征宇,迟玉芬.抑郁自评量表,上海精神医学.1984,(2):71-72.

N7:焦虑自评量表

对于焦虑的量表评估,常见的量表包含焦虑自评量表(SAS)和汉密尔顿焦虑量表(HAMA-14)。焦虑自评量表(SAS)是一种分析患者主观症状的简便的临床工具。适用于有焦虑症状的成年人,同时也适合有精神病求助者并且带有焦虑倾向的个体,所以,SAS近年来被作为心理咨询门诊中了解焦虑症状的自评工具。但由于焦虑是神经症的共同症状,故SAS在各类神经症的鉴别中所起的作用并不大。在实际的运用中，对于焦虑症状的临床分级，除了参考量表分的分值之外，主要还应根据临床症状的程度来划分，量表总分只能作为一种参考指标而非绝对标准。

使用方法：

1. 时限　过去1周内。
2. 测量内容　焦虑症状。
3. 评分方法　每个题项为1~4分，共20个题项。
4. 评价标准　小于50分正常；50~60分轻度；61~70分重度；70分以上重度。

焦虑是一种比较普遍的精神体验，长期存在焦虑反应的人容易发展为焦虑症。本量表包含20个项目，分为4级评分，请您仔细阅读以下内容，根据最近一周的情况如实作答。填表说明：1代表"没有或很少时间"；2代表"小部分时间"；3代表"相当多时间"；4代表"绝大部分或全部时间"。

序号	问题	评分
1	我觉得比平时容易紧张或着急	
2	我无缘无故感到害怕	
3	我容易心里烦乱或感到惊恐	
4	我觉得我可能将要发疯	
5	我觉得一切都很好	
6	我手脚发抖颤动	
7	我因为头疼、颈痛和背痛而苦恼	
8	我觉得容易衰弱或疲乏	
9	我觉得心平气和，并且容易安静坐着	
10	我觉得心跳的很快	
11	我因为一阵阵头晕而苦恼	
12	我有晕倒发作，或觉得要晕倒似的	
13	我吸气呼气都感到容易	
14	我的手脚麻木和刺痛	
15	我因为胃痛和消化不良而苦恼	
16	我常常要小便	
17	我的手脚常常是干燥温暖的	

续表

序号	问题	评分
18	我脸红发热	
19	我容易入睡并且一夜睡的很好	
20	我做噩梦	